青少年 科普图书馆

图说生物世界

给我风我可以创造一个世界

——被子植物

侯书议 主编

U0395567

上海科学普及出版社

图书在版编目（ＣＩＰ）数据

给我风我可以创造一个世界：被子植物 / 侯书议主编. —上海：上海科学普及出版社，2013.4（2022.6重印）

（图说生物世界）

ISBN 978-7-5427-5603-9

Ⅰ．①给… Ⅱ．①侯… Ⅲ．①被子植物－青年读物②被子植物－少年读物 Ⅳ．①Q949.7-49

中国版本图书馆 CIP 数据核字(2012)第 271691 号

责任编辑 李重民 李 蕾

图说生物世界

给我风我可以创造一个世界——被子植物

侯书议 主编

上海科学普及出版社

（上海中山北路 832 号 邮编 200070）

http://www.pspsh.com

各地新华书店经销 三河市祥达印刷包装有限公司印刷

开本 787×1092 1/12 印张 12 字数 86 000

2013 年 4 月第 1 版 2022 年 6 月第 3 次印刷

ISBN 978-7-5427-5603-9 定价：35.00 元

本书如有缺页、错装或坏损等严重质量问题

请向出版社联系调换.

图说生物世界
编 委 会

丛书策划:刘丙海 侯书议

主　　编:侯书议

副 主 编:李　艺

编　　委:丁荣立 文　韬 李　艳

　　　　　韩明辉 侯亚丽 王世建

绘　　画:才珍珍 张晓迪

封面设计:立米图书

排版制作:立米图书

前 言

　　相信大家都非常喜欢吃水果和蔬菜,但是当你在品尝香甜的水果和可口的蔬菜时,有没有想过,这些食物是谁提供的呢?很多人一定会回答:当然是植物了!对,水果就是从各种不同的植物上摘下来的,我们平常吃的蔬菜,也差不多都是一些草本植物,比如西红柿、黄瓜、白菜等。

　　那么,你注意到没有,这些水果和蔬菜除了都是植物以外,其实还有一个共同点,那就是,这些植物的种子大多数都是被果实结结

实实地包裹着的。像这样种子被果实包裹着的植物，我们就称它为被子植物。

一提到被子植物，相信你的脑袋瓜里一定会充满着各种各样的问题：

"到底什么样的植物是被子植物呢？"

"这些被子植物的种子为什么要被厚厚的果实包裹呢？不要果实这件'外衣'不行吗？"

"被子植物，又是怎样传播花粉、繁衍子孙后代的呢？"

对于这些充满趣味性的问题，想必你已经迫不及待地想知道答案了，那就赶快去本书中寻找吧。

除此之外，被子家族的成员还拥有多项之最，比如：世界上最大的坚果（海椰子）；长个最快的植物；长个最慢的植物；开花最大的植物；开花最小的植物，等等，它们都属于被子植物家族的成员。

希望你读完这本书后，能对被子家族有所了解，并且关爱、呵护这些美好的植物。

这些植物的存在，不但美化了我们的家园，丰富了地球的生命世界（比如给动物提供氧气等），还给人类的生活提供了最基础的物质资料和生产资料。

目 录

盖被子的种子

为爱开朵真正的花

被子植物宣言:活着要坚强

替人类打造完美世界

被子家族里的"植闻趣事"

被子家族里的"最"植物

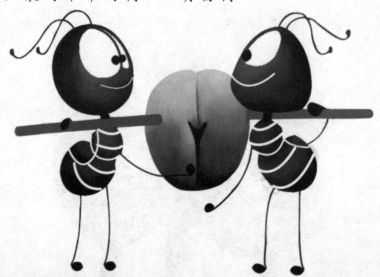

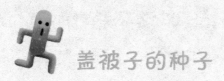 盖被子的种子

关键词：被子植物、单子叶、双子叶、种子传播

导　读：被子植物是植物界中最高等的植物，它进化先进，早在白垩纪晚期，就在地球植物界中占据了绝对优势。被子植物的种子被包裹在富含营养的果实中，因而为其提供了良好的生长环境。其受精作用可由风当传媒，而大部分则是由昆虫或其他动物为媒介，使得被子植物能广为传播散布。

为什么叫被子植物

　　"被子植物",一看到这个词,你会不会感觉有点奇怪呢?什么是被子植物呢?难道是一种像人类一样盖着被子睡觉的植物吗?呵呵,当然不是了。你见过什么植物要盖被子睡觉啊!

　　所谓"被子",并不是我们睡觉时盖的"被子",它的意思是指被包裹的种子。被子植物,就是种子被果实包裹着的植物。被子植物非常多,像我们平常吃的桃、杏、苹果和西瓜等,都属于被子植物。

被子家族的管理体系

被子植物在植物界中是最高级的一类，也就是说，它进化级别比较高。这样说并不意味着被子植物出现得比较早，它是在植物演化过程中最晚出现的一类植物——既不像是藻类、苔藓植物那样的先驱者，也没有蕨类植物出现得早。相反，被子植物最早出现在白垩纪早期。至白垩纪末期，被子植物通过发展、扩张，逐渐占据了植物界的大部分。

我们知道的是，在白垩纪晚期，地球爆发了一次空前的毁灭性大灾难，由于地壳运动、火山爆发等因素，致使地球表面温度急剧升高，而且空气里四处弥漫着由于火山爆发喷射出的有毒气体，在这个时期，曾经的动物界霸主恐龙灭绝，即使植物界霸主蕨类也难逃厄运，一大批蕨类植物家族成员在这次地球大灾难面前消亡，经过亿万年沉积、化学反应等，变成今天的煤层。

由于被子植物门成员的超强繁殖能力，它既能借助风力传播授粉，也能通过昆虫或其他动物传播授粉，所以当大部分植物和动物灭绝的时候，被子植物却得到了竞争植物界霸主的喘息机会，自白

我比你
长得漂亮!

我比你
苗条!

垩纪晚期以后,被子植物开始统治着地球上的植物界,形成一个庞大的被子植物门。

那么,世界上到底有多少种被子植物呢?科学家们曾经做过一个粗略的统计:世界上被子植物约有 20 多万种,约占自然界中植物种类总和的一半;而在中国,被子植物也有 3 万多种。可以说,被子植物家族是非常庞大的。

我们经常会说,龙有九子,各有不同。而被子植物这么一个庞大的家族里,肯定也充满着各式各样的植物吧?答案是肯定的。如此种类繁多的被子植物,不管是从形态上来看,还是从开花、结果的样子上来看,都是各不一样的。比如,黄瓜这种植物不管是茎和叶的外形,还是它开的花和结的果子,跟苹果都不同。

科学家为了让人更容易认识这个庞大的被子家族,从 19 世纪以来,就想给被子植物家族建立一个比较科学的分类管理体系。科学家根据相关的植物理论,提出的分类系统不下 10 个。但是,由于被子植物的起源、演化还没有真正地搞清楚,而且也没有足够的化石证据,才使得被子植物这个庞大的家族直到科学发达的今天都没有一个完善的分类系统。在众多的分类系统中,恩格勒系统是应用最为广泛的系统之一。

1897年,德国的分类学家阿道夫·恩格勒和勃兰特出版了一部有关植物的科学巨著——《植物自然界分科志》。在这本书中,两位科学家帮被子家族整理出一个比较完善的分类管理系统。他们首先把植物界分为13个门,而种子植物就位于13个门中的最后一个门。然后再把种子植物(又称显花植物)分成两个亚门:裸子植物亚门和被子植物亚门。接着被子植物又被分为两个纲:单子叶植物纲和双子叶植物纲。

单子叶植物纲成员的种子具有单片的子叶,也就是说,当种子发芽的时候先抽出一片叶子。这种植物叶子的叶脉都是平行脉。一般单子叶植物都是草本植物,比如小麦、玉米和水稻等。当然,单子叶植物中也有少数是木本植物,比如竹子、椰子。

双子叶植物纲的成员就是种子中具有两个子叶的植物,也就是说,植物在发芽的时候会有两片嫩小的叶子相对地生出来。双子叶植物纲的植物种类非常多,大约有16.5万多种,像棉花、花生、苹果、烟草等。

种子为什么要盖"被子"？

我们在前边提到，被子植物之所以被称为被子植物，它们与裸子植物的最大区别就是在于种子外边包裹着一层厚厚的果实，而裸子植物没有这种构造，它们的种子仅仅被一层鳞片覆盖起来，绝对不会把种子密实地包裹起来。

被子植物为什么将种子用这么一层厚厚的被子包裹着呢？我们都知道，盖被子是为了防寒，那么像西瓜、苹果这样的被子植物，种子为什么还需要一层厚厚的果实包裹着呢？难道这些种子也怕冷吗？它们被这样一层厚厚的果实包裹着有什么好处呢？

果实是被子植物特有的一种生殖器官，它是由被子植物的子房发育而来的。你可能会好奇，什么是植物的子房呢？植物子房的功能有点儿像动物的子宫，它是生长种子的地方，这是雌花植物特有的一个器官。子房通过传粉受精以后，会随着时间的推移不断长大，最终发育成果实。果实的作用主要有两个：第一是保护种子；第二是帮助种子传播。

植物的果实按照果皮的质地可以分为两种：一种是肉质果；一

种是干果。不管是肉质果也好，还是干果也罢，它们对植物的种子都有保护作用。

一般果实都会包括两个部分：一部分是果皮，另一部分是种子。种子被果皮牢牢地包裹在里边，果皮可以保护没有成熟的种子在发育过程中不受外界的干扰，让它们在里边顺利地发育成熟。

果实也能帮助种子传播。

我们都知道，植物是不会自动行走的，很多植物想要将自己的种子传播到四面八方，该怎么办呢？各种植物自有其独特的办法，且办法多种多样。

第一，拿果实当诱饵，诱惑动物帮助自己传播种子。

不管是有意的，还是无意的，人类和其

他动物在被子植物美味果实的引诱下,都会成为被子植物种子的传播者。

就拿樱桃树来说,它的果实成熟的时候艳红甜美,鸟类或者其他动物就会采摘樱桃来享用。它们吃掉果肉,吐出的核即种子就会被它们随便扔在地上。这颗小小的种子只要遇到适合自己生长的土壤,就能生根发芽,并长成一株新的樱桃树。当然了,有些动物在吃果实的时候也可能会囫囵吞枣,连带着种子一块吃进肚子里。这也不用担心,樱桃种子外边坚硬的果核可以抵抗动物肠胃里的强酸,使种子不至于被动物的肠胃消化掉,最终,却会随着动物的粪便排出体外。

除了像水果这样的肉质果能够引诱动物帮助它们传播种子之外,有些干果也会利用这种方法来吸引动物们。就拿板栗来说,它们对松鼠来说可是具有极大的吸引力。每当秋天来临的时候,松鼠就大量收集板栗并将它们储存起来,以备冬天食用。然而,松鼠这种可爱的小动物本来就有点儿健忘,为了随时能取到食物,它们储存食物的仓库很多,这就导致很多仓库里的板栗成了"漏网之鱼",一直被埋在土里,从而有了生根发芽的机会。

第二,被子植物的果实可以跟随风力跑到四面八方。

有些被子植物的果实形状长得非常奇特,这种奇特的形状能够使它们借助风的力量将种子传播开去。

比如,有一种被子植物叫昭和草,又叫飞机草或山茼蒿。它的果实是一种非常细小的瘦果。除此以外,这种瘦果的身上还长有白色的冠毛,有点儿像蒲公英的种子,只要风轻轻一吹,瘦果就会带着种子飞到四面八方。

另外,还有一种叫槭树的被子植物,它的果实有一个非常奇特的名字,叫翅果。这名字之所以奇特,是因为它有奇特的外形。它身上长着一对人字形的双翅,像一个小小的空中飞人,能借助风力在天空飞,顺便将种子带到各地。

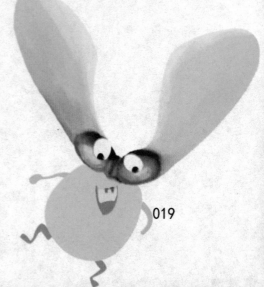

第三,被子植物的果实也可以借助水力将种子带到各地。

果实能借助水力传播种子的被子植物需要有个先决条件:这种被子植物要么生活在水边,要么生活在水中。否则,它们根本就没有办法借助水力了。

热带地区生活着一种叫椰子树的被子植物。这种树喜欢生长在海滩边。它的果实外壳非常厚,可以带着种子在海上漂浮很长时间,并使海水不会侵蚀到里边的种子。椰果成熟后,会从椰子树上落下来,掉到海水里,被海水带到一个新的海滩上继续繁殖后代。也就是因为这样,椰子树才喜欢生长在海边。

除了椰子之外,荷花的果实也是靠水力来传播种子的。荷花的果实叫莲蓬,莲蓬里镶嵌着很多莲子,莲子就是荷花的种子。莲蓬的外形非常有趣,像一个倒过来的圆锥体,其重量非常轻。莲蓬就是借助于这些特点,才能够在水上漂浮,将种子传播出去。

021

第四，被子植物的果实本身也能帮助种子传播。

一看到这，你会不会感到特别诧异？难道这些被子植物的果实也可以像动物一样会跑吗？要不然，它们怎么传播种子啊？其实这些植物的果实自有自己的妙招。

你见过豆荚吗？不管是绿豆的豆荚，还是黄豆的豆荚，它们的种子外边都会包裹着一层坚硬的果皮，这果皮会随着种子的成熟而变得更加坚硬。当坚硬的果皮在阳光下暴晒一段时间以后，就会听见"啪"的一声响，果皮开裂，里面的种子被弹射到远处了。

除了这些豆荚以外，有一些被子植物的果实也有特殊的装置，也可以帮助种子传播。比如，世界上有一种叫"喷瓜"的被子植物，它的果实是一种其貌不扬的小瓜，而且上边还带着很多小毛刺。千万不要小看这些小"喷瓜"，它身体里有一种特殊的装置，只要你轻轻一碰它，它就会将自己身体里的种子从瓜的顶端喷射出去。

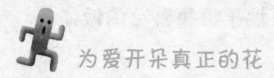

为爱开朵真正的花

关键词：显花植物、繁殖器官、繁殖方式、昆虫媒介、鸟类媒介、风媒

导　读：花是被子植物（被子植物又称有花植物或开花植物）的生殖器官。在生物学上，它的功能是结合雄性精细胞与雌性卵细胞以产生种子。在这一进程中，首先传粉，其次是受精，而后长成种子并加以传播。

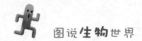

被子植物开花的使命

中国古代文人,常常以花为题材赋诗作词,可以说花儿成为中国古代文学的一个重要载体。宋代的杨巽斋有首《茉莉》诗,是这样写的:"麝脑龙涎韵不作,熏风移种自南州。谁家浴罢临妆女,爱把闲花插满头。"由此可见,花儿,文人喜欢,平常人也喜欢,并成为生活中的一种点缀物。在大自然中,我们随处都可以见到各式各样的花朵,它们白的似雪,红的似火,黄的似金,粉的似霞……总之,这些美丽的花朵让我们的世界变得五彩缤纷。

可是你想过没有,这些植物为什么要开花呢? 花朵里面有什么奥妙吗?其实,并不是所有的植物都能够开花的,能开花的植物只有被子植物,裸子植物是不会开花的。当然被子植物开花也不是仅仅为了炫耀它们的风姿,而是有着更为重要的使命。

花是被子植物的繁殖器官,花只有经过传粉受精以后才能繁殖出种子。所以,被子植物开花是它们成长必须经历的一个过程,是它们繁衍后代的关键步骤。当然,开花也是被子植物一生中最重要的任务之一。

开出一朵完美的花

被子植物开花是为了繁衍后代,可是一朵完整的花朵包括哪些部位呢? 它又是怎样繁殖后代的呢?

一朵完整的花朵一般包括四个部分,分别是:花萼、花冠、雄蕊和雌蕊。拥有了这四个部分,才能称为一朵完整的花。

那么,花的这四个部分都有什么作用呢?

先说花萼。

花萼就是花瓣下边一圈绿色的小片,它的形状跟植物的小叶子差不多。花萼是由若干个萼片组成的。有些植物的花冠外边就有一层萼片,可是有些植物在花萼外边还包裹着一层萼片,花萼外边的这些萼片被称为副萼,比如草莓的花朵,就是在花萼外边还长了副萼。花萼的颜色并不都是绿色的,有的是红色的,比如一串红。

花萼虽然长得其貌不扬,但是对花朵的作用却非常大。

第一,在花朵没有开放的时候,花萼能够保护花蕾。

第二,花萼还能够进行光合作用,为花朵生长提供必要的营养物质。

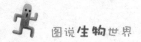
第三，当花开放了以后，花萼就会托着花冠。有的花冠还能够吸引昆虫，这些昆虫能够帮助花儿办一些自己无法办到的事情。

再说花冠。

花冠是花朵里所有花瓣的总称，有的花花冠位于花萼的上方，有的花花冠位于花萼的内侧。每一个花冠都具有非常漂亮的颜色，它的颜色会随着植物品种的不同而不同，即使同一种植物也可能会出现不同的颜色。

相信你一定会觉得非常好奇，为什么会出现这种情况？不用着急，让我好好向你解释。

原来这跟花冠里边含有的物质不同有关。有的花冠里含有有色体，有色体又称为杂色体，里边含有胡萝卜素等其他色素。所有含有有色体的花冠的颜色会呈现出黄色、橙色或橙红色。有的花冠里含有花青素。花青素是一种色素，它的颜色可以随着细胞液中的酸碱度而发生改变。当细胞液呈酸性的时候，花冠的颜色就是红色；当细胞液呈碱性的时候，花冠的颜色就是蓝色。除了红色和蓝色以外，含有花青素的花冠还会呈现出紫色。当花冠里既不含有色体，又不含花青素的时候，那么花的颜色就会呈现白色。

说到这里，你可能会非常好奇，植物为什么要长这些美丽的花瓣呢？难道仅仅是为了供人类欣赏吗？呵呵，当然不是了。

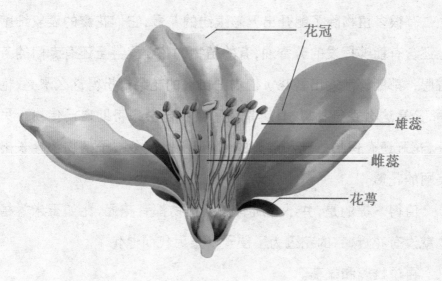

花冠

雄蕊

雌蕊

花萼

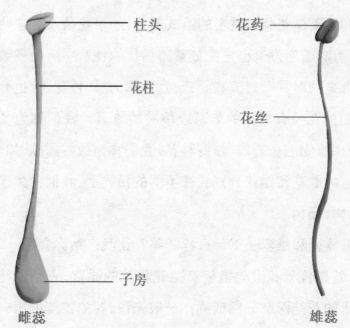

柱头　　　　　　花药

花柱

花丝

子房

雌蕊　　　　　　雄蕊

　　有很多植物除了能开出五彩缤纷的花冠,它们花瓣的表皮细胞上还含有能够挥发的芳香油,有的植物的花瓣里甚至还有专门的芳香腺,都能够散发出香味。植物把自己的花朵打扮得这么漂亮、艳丽,又是这么香气扑鼻,其实是为了吸引昆虫来帮助自己传粉。另外,花冠还有保护雄蕊和雌蕊的作用,所以很多被子植物都会长出美丽的花瓣。

　　值得一提的是,并不是所有被子植物都有花冠,比如玉米等植物就没有花冠,它的花冠为了便于繁殖后代而退化了。

　　再说雄蕊和雌蕊。

　　雄蕊和雌蕊是花朵最重要的组成部分,如果花朵没有这两部分的话,那就意味着它没有办法完成繁殖后代的使命了。大多数被子植物的花都是同时具有雄蕊和雌蕊,我们称为"两性花"。也有很少一部分植物的花只有单独的雄蕊或单独的雌蕊,我们称为"单性花"。同一棵植物上长有雌、雄两种花,我们称为雌雄同株,如玉米、西葫芦。有的雌花和雄花分别长在不同的植物上,我们称为雌雄异株,比如柳树、杨树。

　　你知道雌蕊和雄蕊长得什么样子吗? 让我来给你介绍一下吧。

　　雄蕊,就是位于花冠内能够产生花粉粒的器官,它是由花丝和花丝最顶上的花药两部分组成的。一般来说,花的雄蕊的每一根花

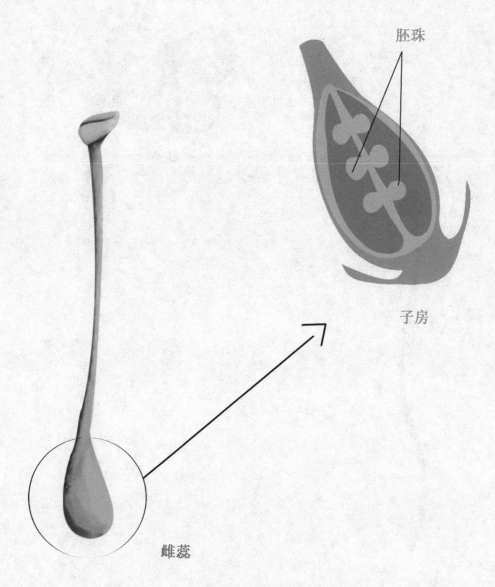

胚珠

子房

雌蕊

雌蕊和子房解剖图

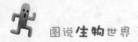

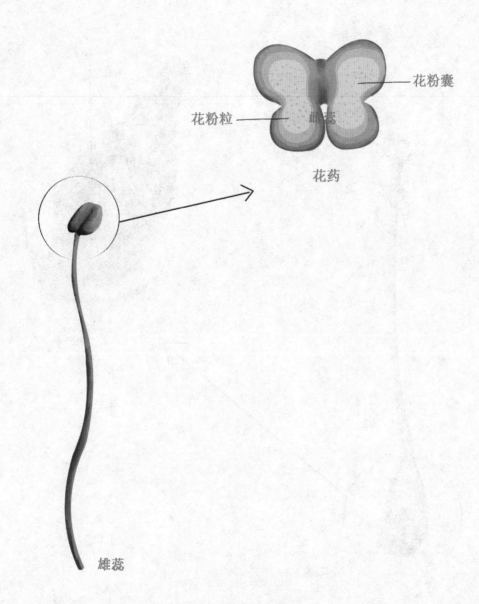

花粉囊

花粉粒

花药

雄蕊

雄蕊和花药解剖图

丝长得都像一根细长的丝线,这些细长的丝线长短不齐。当然,也有少数花的雄蕊不是细丝状的,比如莲花的花丝,是扁平的,像条带子。有的花丝直接转化成了花瓣,比如美人蕉。还有的花根本就没有花丝,它们的花药就直接生在花冠上,比如栀子花。

雄蕊的花药是一个囊状的造型,每一个花药大都有四个囊。科学家将这些囊称为花粉囊,它们分成左右两半,中间有花药相连。花粉是在花粉囊中产生,当这些花粉成熟以后,花粉囊就会裂开散出花粉粒。

雌蕊处于花的中央部位,它长得非常像一个瓶口稍大、瓶颈细长、瓶体膨大的小花瓶,在这个小花瓶里能够产生卵细胞。每一朵花的雌蕊都是由子房、花柱和柱头组成的。而"瓶体"就是花的子房,细长的"瓶颈"就是花柱,"稍大的瓶口"就是花柱的柱头。

雌蕊的柱头是接受花粉的地方,花粉就是通过这个口进去,然后进入子房里边。雌蕊的子房里有胚珠,当花粉进入子房后会使胚珠受精。胚珠受精后会慢慢地长成种子,而雌蕊的子房就会慢慢地发育成果实,将种子牢牢地包裹在里边,保护种子慢慢地成长。

这些构成要素,最终就成为我们生活中随处都可以见到的花朵了。花朵的美丽之下,还承载着一项重要的使命——虽然花朵被我们人类看来是美丽的化身,对植物自身而言,却是它的生殖器官。

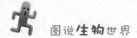

昆虫也是它们的月老

我们都知道，植物是没有手脚的，它们基本上是不会动的。可是我们前边说了，雌蕊只有受精以后才能够结果生子。那么，这些植物是怎样来授粉的呢？告诉你吧，其实是靠动物的帮助。

　　我们在前边提到过，被子植物长出美丽的花冠和色彩鲜艳的花萼，是为了吸引动物，而它们吸引动物的目的，就是让这些动物帮助它们传粉。

　　一说到能帮助植物传粉的动物，可能很多人会自然而然地想到蜜蜂。其实在昆虫界当中，不是只有蜜蜂才能够帮助花朵传粉，还有很多昆虫都能够帮助花朵传播花粉。依靠昆虫传播花粉的花朵被人们称为虫媒花。据科学家统计，在所有被子植物中，大概有84%的被子植物都需要昆虫来帮助传粉。

　　那么，这些虫媒花有什么秘诀，能够吸引昆虫帮助它传粉呢？

　　虫媒花的第一大秘诀就是能够散发出特殊的气味，并依靠这种气味来吸引昆虫。昆虫喜欢的气味是不一样的，有的昆虫喜欢香味，有的昆虫喜欢臭味。被子植物为了讨得昆虫的欢心，就选用不同的气味来吸引它们。

　　蜜蜂、蝴蝶都是喜欢香味的昆虫，而玫瑰花、茉莉花、丁香花等这类被子植物，花冠里的油细胞会散发出一种芳香油，将这种油挥发到空中来吸引喜欢香味的昆虫帮助它们传粉。有的被子植物即使没有油细胞也没有关系，它们身上有种名叫"配糖体"的物质，比如芦荟。配糖体这种神奇的物质虽然不能直接散发出香味，但是它可

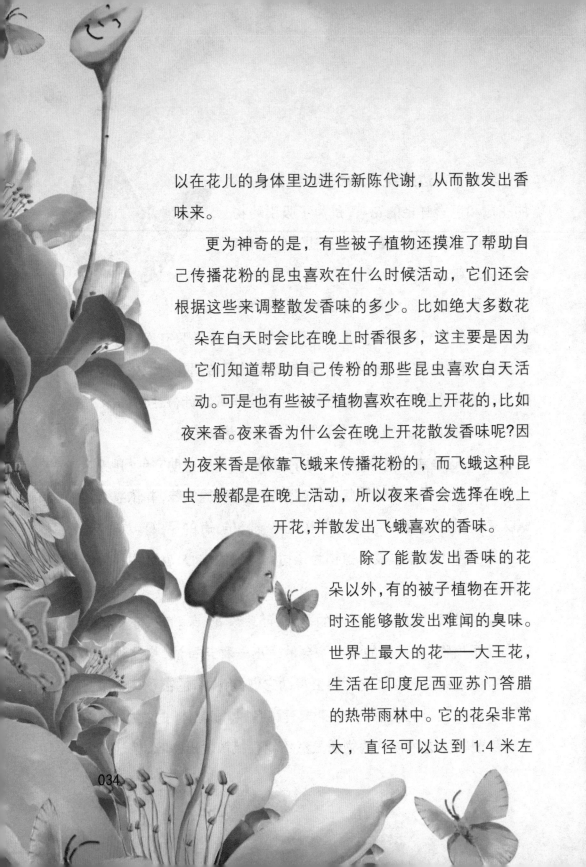

以在花儿的身体里边进行新陈代谢，从而散发出香味来。

更为神奇的是，有些被子植物还摸准了帮助自己传播花粉的昆虫喜欢在什么时候活动，它们还会根据这些来调整散发香味的多少。比如绝大多数花朵在白天时会比在晚上时香很多，这主要是因为它们知道帮助自己传粉的那些昆虫喜欢白天活动。可是也有些被子植物喜欢在晚上开花的，比如夜来香。夜来香为什么会在晚上开花散发香味呢？因为夜来香是依靠飞蛾来传播花粉的，而飞蛾这种昆虫一般都是在晚上活动，所以夜来香会选择在晚上开花，并散发出飞蛾喜欢的香味。

除了能散发出香味的花朵以外，有的被子植物在开花时还能够散发出难闻的臭味。世界上最大的花——大王花，生活在印度尼西亚苏门答腊的热带雨林中。它的花朵非常大，直径可以达到 1.4 米左右。它在开花的时候会散发出一种非常难闻的尸臭味,这种臭味让蜜蜂、蝴蝶这样的昆虫会望而却步,也会让其他动物难以忍受,可是却吸引一些喜欢这种臭味的昆虫,让这些昆虫来帮助传粉。

除了大王花以外,还有很多被子植物的花朵是靠散发臭味来吸引昆虫的,比如天恶花、臭牡丹、马尿花等等。

虫媒花吸引昆虫的第二大秘诀就是花蜜。有句话叫做"来而不往非礼也",植物需要靠昆虫来帮助自己传播花粉,它们总也要给昆虫一些回报吧。它们给昆虫的回报就是花蜜。

在很多虫媒花的花朵上都长着蜜腺,蜜腺是花的细胞腺体,这种腺体在整朵花上都有,它们一般位于花瓣、花萼、子房或者花柱的底部。蜜腺可以分泌出一种液体,这种液体就是我们所说的蜜汁。蜜汁对昆虫具有很大的吸引力,昆虫可以利用这些蜜汁来填饱肚子。当昆虫飞到这些虫媒花上采蜜的时候,这些花就会将花粉粘在它们身上,让它们帮助自己来传播花粉。

虫媒花吸引昆虫的第三大秘诀就是自己的颜色。我们在前边曾经提过,被子植物花冠的颜色非常鲜艳,它的作用就是吸引昆虫。事实也确实如此,不同的昆虫爱好不同的颜色。

蝴蝶非常喜欢红色和橙色,所以当蝴蝶看到红色或橙色的花朵时,会兴奋地扑上去。而蜜蜂对黄色和白色比较偏爱,所以喜欢槐

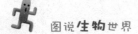

树、枣树等开白花或黄花的植物。而像苍蝇等一些蝇类对白色、绿色和褐色非常感兴趣,当它们看到这些颜色的花朵时,也会停留在这些花的身上。

另外,虫媒花要想靠昆虫传粉,它们的生长结构需要和昆虫的外形相符合。比如,丝兰和丝兰蛾。

丝兰是一种产于美洲的龙舌兰科植物,它是一种喜欢在沙漠中生存的植物。丝兰花的花柱有着管子一样的形状,然而花柱的柱头却不在管子的顶部,而是在管的下部。如果昆虫要想帮它传递花粉,就必须将粉传到花柱的底部才行。替这样的花来传粉,对一般的昆虫来说无疑是一件难事,但是对丝兰蛾来说却是相当容易。因为丝兰蛾的口腔细长,而且有能弯曲的吻管,它不仅能收集花粉,而且还能将花粉准确无误地送到雌蕊的柱头上。丝兰蛾是唯一能帮助丝兰传播花粉的昆虫。

鸟类也会成为它们的红娘

在动物世界中,除了昆虫能够帮被子植物来传播花粉,鸟类也可以帮助被子植物传播花粉。

靠鸟类来传播花粉的植物被称为鸟媒花,世界上大概有 2000 多种鸟媒花。一些鸟类肩负着为被子植物的花朵传播花粉的重任,会帮助传播花粉的鸟类主要包括蜂鸟、啄木鸟、太阳鸟、食蜜鸟、绣眼鸟以及一些鹦鹉。

世界上有很多植物都是依靠鸟类来传粉的,比如含羞草科的植物大多是靠鸟类来传粉。

这些靠鸟类来传粉的植物,对鸟的种类既没有什么特定要求,也没有什么专一性。比如红色的山樱在开花时节,周围会围绕着很多鸟类,这些鸟儿都能帮助它传粉。

与昆虫比较起来,鸟类有着昆虫无法企及的优势,鸟类比昆虫飞得高、飞得远,鸟类的活动范围要比昆虫的活动范围大很多。所以很多人认为,鸟类应该是花儿最理想的"传粉者"。

然而,鸟类跟昆虫相比,也有非常明显的劣势。它们无论是从体积还是从重量来看，都要比昆虫大很多，即使世界上最小的鸟——蜂鸟，也要比昆虫大一些。如果所有的被子植物都靠鸟类来传粉的话，就可能因为体积或者重量的原因，会对植物的花朵造成伤害。

我比你飞得高！

不过，鸟媒花与虫媒花比起来要更强壮，所以才能保证这种传粉过程能够顺利进行。鸟媒花一般有以下特征：

第一，鸟媒花的花冠一定要非常结实。前面我们已经提到过，鸟类的体积和重量相对昆虫来说都是比较大的。

鸟类在采花蜜的时候，对花朵进行碰撞是在所难免的。如果花冠不够结实的话，就很容易伤到里边的雌蕊，反而不利于植物繁殖。比如木棉花，其花冠和花萼就很结实，能够承受住鸟儿在上边来回走动。

第二，鸟媒花花瓣管的长度及开口的形状，要和传粉鸟的头部和嘴的形状大小吻合。只有这样，这些鸟媒花才能吸引鸟类来采蜜，同时又能将自己的花粉沾到鸟类身上。

　　第三，鸟媒花分泌的花蜜量要足够大。与昆虫比较起来，鸟类的

食量相对来说比较大，如果鸟媒花不能分泌出足够量的花蜜，对帮助它们传粉的鸟儿来说就不具有什么吸引力，那么也就达不到传粉的目的了。

第四，鸟媒花的花药位置，一般都是固定的，而且是经过鸟类的碰撞之后才散出花粉的。

第五，鸟媒花的颜色要对鸟儿有视觉上的冲击力。鸟儿一般对红色或者橙黄色感兴趣，所以靠鸟类来传粉的被子植物花朵大都是这两种颜色。比如，分布在热带、亚热带的红花荷，生活在非洲的猩猩草，还有木棉等，它们的颜色都是红色的。

第六，鸟媒花一般要选择在白天开放。这是因为大多数鸟儿都喜欢在白天活动，鸟媒花在白天开放才更有利于传粉。

总而言之，鸟类对一些被子植物的传粉受精依然起到了不可或缺的作用。一些被子植物的"传粉工作"，也必须以鸟类作为"传播载体"才得以繁殖后代。

也许有些被子植物的花儿就是为鸟儿而生，也许一些鸟儿就是为被子植物的传粉工作而生，这两者之间，谁也离不开谁。

041

以风为媒介创造世界

在白垩纪早期,植物家族最大的特征是:增加了新成员——被子植物。到了白垩纪晚期,由于气候的变化,全球气温升高、日照增强、降水减少等因素,裸子植物大量衰退,被子植物蓬勃兴起。

随后,历经始新世(约距今5300万年~距今3650万年)、渐新世(约距今3650万年~距今2330万年)、中新世(约距今2300万年~距今533万年),被子植物家族疯狂扩张。

美国堪萨斯州曾出土了一个结构较为完整、保存较为完好的柔荑花序(柔荑花序是风媒花的主要特征之一,雄花序通过产生大量的花粉,借助风力传播花粉)化石,该化石的年代在白垩纪晚期的一个地质年代赛诺曼期。这个化石证明,依靠风媒传粉受精的被子植物在白垩纪就出现了。

那么,什么叫风媒传粉呢? 我们先看个例子。

你见过柳树开花吗? 或许你会不屑地说,谁没有见过柳树开花啊,那些漫天飞舞的柳絮不就是柳树的花吗?事实上,柳絮并不是柳树的花,而是柳树的种子。柳树的花朵是在飘柳絮以前那种长得有

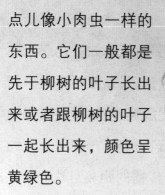

点儿像小肉虫一样的东西。它们一般都是先于柳树的叶子长出来或者跟柳树的叶子一起长出来，颜色呈黄绿色。

接下来，问题就出来了。我们想一想，既然花小得连我们都看不到，同时柳树的花既没有丁香花的清香，也没有玫瑰花的颜色艳丽，更没有牡丹花的硕大，这样的花朵是吸引不到昆虫和鸟类的，它怎么传粉呢？这个时候，就要通过风来传播它的花粉了。柳树的传粉就是借助于风力。

因此，依靠风媒传粉的植物叫风媒植物或风媒花。风媒植物的主要特征就是花朵数量较多，花序常常排列成柔荑花序或穗状花序。当风吹过的时候，花药摇动，就把花粉散播到空气中，并利用风力把它们带到远方。不过有一点遗憾的是，风媒传粉有个最大的弊端,就是依赖于风力,有很大的随机性。

虽然有这么大的弊端,不过在整个被子植物家族中,约有十分之一的被子植物属于风媒传粉。比如禾本科植物有小麦、玉米、水稻等,再比如莎草科的苔草等,还有柔荑花序类植物如杨、柳、栎、桦木、榆等木本植物。

总括起来,风媒植物或风媒花传粉的主要特征有如下几点:

首先,风媒花的花粉不仅小且轻,而且数量多,黏度也不大。因此,只要风轻轻一吹,就能够将这些花粉吹得脱离花丝,吹到更远的地方。比如,我们常见的玉米,其花粉数量就特别多,一株玉米大约可产生 1500 万~3000 万花粉粒,借助风力传播的距离可达 200~250 米。

其次,风媒花的花丝和花药一般都是悬挂在花冠外,有的甚至都不是完整的花。比如玉米,它连花冠都没有。传粉时会减少花冠的阻碍。

再者,很多风媒花都是先有花后长叶子,因为这样不会因为叶子太过茂盛而影响传粉。

最后, 很多风媒花雌蕊的柱头上都能分泌出带有黏性的液体,可以粘住飞来的花粉。而且被子植物风媒花柱头一般都比较大,通常生长在植株的顶端,这样更适于借助风媒传粉。

被子植物宣言：活着要坚强

关键词：生存环境、坚强、寒冷、炎热、沙漠、水、高山

导　读：作为高等植物，被子植物不但繁殖能力强，生存能力也非常强，无论在极度寒冷的地带，抑或是在极度炎热的地带，我们都能看到被子植物的踪迹。

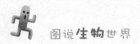
被子植物很坚强

被子植物是植物界中最高级的一类植物，跟其他类植物比起来，它虽然是出现得最晚的植物，但是自从来到地球上以后，就在地球上占据了绝对的优势，以至于那些早早来到地球上的植物，无论是从种类还是从环境的适应能力上来说，都远远不及它。可以说，被子植物非常坚强。

我们被子植物
很坚强哦！

来到地球上先打场硬仗

在整个植物界中,被子植物应该算是最年轻的植物。它大约在距今1.35亿~距今0.65亿年前开始来到地球上的。在被子植物还没有来到地球上的时候,称霸植物界的是裸子植物。裸子植物是地球上最原始的种子植物,它的发展历史悠久,在距今约5.7亿~距今2.3亿年前就来到地球上了。在被子植物还没有到达地球之前,裸子植物的生活是非常舒适的,它们生长得枝繁叶茂,高大的松柏、美丽的银杏树、矮小的苏铁等众多的裸子植物,都在地球上生活。

除了裸子植物以外,还有一些身材矮小的蕨类、苔藓类等,这些植物的身材简直跟裸子植物无法比较,所以能跟身材高大的裸子植物和平共处。然而,美好的日子并没有延续太久,在距今1.35亿~距今0.65亿年前有一种奇特的植物开始出现在地球上。它不仅身材可以跟裸子植物媲美,而且还能靠种子来繁殖。最重要的是,这种植物的种子外边还包裹着一层厚厚的果实,这给它的广泛传播带来了非常便利的条件。这种植物就是被子植物。

被子植物一来到地球上,就以自己独特的优势跟裸子植物展开

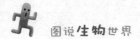

了一场争夺地盘的大战。大战的结果是被子植物取胜了,它霸占了地球的大部分地盘,只留下一小部分地盘让给了裸子植物。

那么,被子植物是靠什么来取胜的呢?

首先,被子植物的种子都是由一层厚厚的果实包裹着的,不仅能够保护种子,还有利于被子植物扩张自己的势力范围。在这一点上,裸子植物是无论如何都比不上的。

其次,被子植物具有双受精的现象,能使种子具有更强的生存能力,有利于被子植物更加顽强地生存下去。

再者,被子植物的孢子体要比裸子植物的孢子体发达。什么是孢子体呢?所谓的孢子体就是植物在世代交替的生活中能够产自孢子和染色体的植物体,这种孢子体是由受精卵发育而来的。而被子植物孢子体的高度发达,使被子植物的形态、结构等与裸子植物比起来更加完善,从而加速了它的大量繁殖。

最后,被子植物有完善的输导组织和支持组织,这无疑大大提高了被子植物的生理机能,使被子植物比裸子植物有了更强的适应环境的能力。环境适应能力加强了,这就给被子植物的大量繁殖提供了非常有利的条件,使被子植物生活环境的范围有了进一步扩大。被子植物无论在寒冷的高纬度,还是在炎热的低纬度,都能够生活。有这么广阔的生活环境,被子植物想不称霸地球都难。

动物

被子植物

裸子植物

蕨类植物

苔藓植物

藻类植物

原始生命

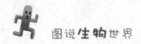

纬度再高也不害怕

被子植物生命力非常顽强，它不惧怕寒冷，哪怕生活在纬度最高的南北极地区，也能够谱写一篇生命之歌。

一看到"南极"和"北极"这两个词，可能很多人都会想不明白，为什么南极和北极的纬度最高呢？北极就是地球的最北端，北纬90°。北极地区就是以北极点为中心，北纬66°34′北极圈以内的地区；而南极地区也就是南纬66°34′南极圈以内的地区。不管在北极地区，还是在南极地区，气候都非常寒冷，这两个地方都是人烟稀少的地方。尤其是在南极地区，几乎没有人类居住。然而，就在这人迹罕至的冰冷地带，依然会有被子植物生存着。

在北极，有一种美丽的被子植物叫北极罂粟。一听到"罂粟"两个字，可能很多人会把这种美丽的植物跟鸦片联系在一起。如果这样的话，那就大错特错了。北极罂粟虽然也属于罂粟科的植物，但是它的化学成分跟一般的罂粟不一样，所以北极罂粟并不能制作鸦片，只是一般的园林观赏性植物。

北极罂粟是一种非常美丽的植物，花朵多为黄色，看起来像茶

杯,构成这个"茶杯"的每一片
花瓣都是一面小小的反光镜。
你可不要小看这些小小的反光
镜,它对北极罂粟孕育种子有
着极其重要的作用。

这种作用跟北极地区的寒冷气候有关。由于北极地区的温度比较低,夏天的时间非常短,北极罂粟要想孕育出自己的后代,就需要足够的温度。这些小小的"反光镜"就起到了聚集太阳光的作用。它们把太阳光都反射到花朵的中心以保证花朵的温度,促进种子生成。虽然这些"反光镜"非常小,但是由于北极地区的夏天24小时都有太阳照射,这些"反光镜"可以大量地吸收热量,让种子能赶在寒冬到来之前发育成熟。

除了北极罂粟以外,北极地区还有一种被子植物——北极柳。这种柳树跟我们平常见到的垂柳不太一样。它个子比较矮小,而且叶子也不像我们平常见到的柳叶那样呈细长形,有点儿像槐树叶子,呈椭圆形或卵圆形。

南极也有被子植物的足迹,厚叶柯罗石竹便是其中之一。厚叶柯罗石竹属于石竹科里的植物,它喜欢生活在南极大陆的莫尔吉特湾詹尼岛附近。

我们可以聚集光能哦!

炎热的地带是它们生活的天堂

热带地区非常炎热，但是很多被子植物却十分喜欢生活在热带。地处热带的巴西和哥伦比亚是世界上被子植物品种最多的国家，它们分别占据世界第一位和第二位。

非洲西部热带的砂质土壤中生活着一种名叫油棕的植物。一看到"油棕"这个名字，想必你会想到这种植物肯定跟"油"有关。你想得没错，油棕确实跟"油"有关系。不管是油棕的果肉还是果仁，里边都含有丰富的油。油棕被人们称为"世界油王"，我们通过这个名字就可以看出，油棕的产油量十分惊人啊！

油棕是被子植物的一种，它属于被子植物中单子叶植物。油棕属于乔木植物，长得非常高，一棵成熟的油棕树最高能长到 10 米左右，这差不多等

于三层楼房的高度了。油棕的花朵是穗状花序,远远望去就像一支大麦穗。

最有意思的是油棕的果实,它就像羞答答的小姑娘一样,喜欢躲在坚硬的叶柄里。油棕果的形状有点儿近似椭圆形,其大小跟蚕豆差不多,刚长出来的时候是绿色或深褐色,等到成熟以后,它的颜色就变成了黄色或橘红色。把成熟的油棕果摘下来放在锅里,加点儿盐和糖,用水一煮,就成了清香爽口的美食。

美洲的西印度群岛等阳光充足的热带地区里,生活着一种小灌木,这种灌木的个子一般只有四五十厘米左右。它的茎中间膨大,就像《西游记》中弥勒佛的大肚子一样,因此人们给这种植物起了一个非常有意思的名字,叫佛肚树,当然也有人称它为瓶子树。

佛肚树是一种生活在热带地区的被子植物,它喜欢在 26℃~28℃的温度下生活,如果温度适宜的话,它一年四季都会开出美丽的花朵。佛肚树的花朵一般是鲜红色的,而果实呈青绿色,里边裹着很多种子。

咖啡是西方人生活中不可缺少的一种饮品,就像中国的茶一样,咖啡在西方人的生活中占有非常重要的位置。可是,你知道吗?其实咖啡也是生活在热带或亚热带的一种被子植物。它如果生活在热带,会长成一种小乔木;如果生活在亚热带,由于温度比热带地区

的温度低，它会长成小
灌木。

　　咖啡的花一般都是
白色的，等到花期过了
以后就会结出深红色的
浆果，浆果里边的种子
经过人工翻炒之后，再
细细地研磨，就成了香
气扑鼻的咖啡粉。

　　咖啡能够提神，能
起到使人兴奋的作用。
关于咖啡的发现还有一
个小故事：一个牧羊人
在放羊的时候，突然发
现他的羊蹦蹦跳跳地手

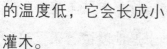

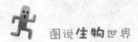

舞足蹈，他感觉非常奇怪，就仔细观察这些羊。原来这些羊吃了一些深红色的小果子，才会有这么怪异的行为。于是他就试着采了这种果子拿回家熬煮，结果整个屋子里都散发出一种奇特的香味。后来牧羊人将熬出来的汁液喝下去，立马就变得神清气爽。于是，咖啡这种饮品就在人们的生活中流行开来。

　　虽然这个故事编得有点离奇，但是仍然被很多人津津乐道。不管怎么说，咖啡走进了人们的生活，成了人类饮食生活中的一种文化，这一点是毋庸置疑的。

　　除了前边介绍的几种被子植物以外，热带还生活着很多被子植物，比如可可、三七、椰子等。热带不仅温度高，降雨量也很大，很多被子植物到了那里就像到了天堂一样。

沙漠里一样生活得很好

一提到沙漠，可能很多人的脑海里立即会浮现出一望无际的金灿灿的黄沙，"荒凉"、"无生命"，简直成了对这些地方最全面的概括。其实，沙漠中的植被固然稀少，但还是有一些生命力顽强的植物在沙漠中得以生存，比如部分被子植物。

提到沙漠中的植物，你可能第一个想起来的就是仙人掌。仙人掌不仅是沙漠中最常见的一种植物，还是墨西哥的国花。

可是,仙人掌是被子植物吗?人们很少能看到仙人掌开花,而且仙人掌还能进行无性繁殖,这就使得人们对它产生误会,以为它不是被子植物。我可以肯定地告诉你,仙人掌确实是一种被子植物,而且还是单子叶的被子植物。

仙人掌原产于热带、亚热带干旱或沙漠地区。这种植物之所以能够在极为干燥的土壤中生存,是因为它有一项极为奇特的本领,可以借助茎叶来储藏水分,并借助这些水分来对付炎热干燥的环境。仙人掌的种类非常多,从大小到形状来看千差万别:大的仙人掌就像一根柱子,最高可以长到10多米;而小的却只有纽扣那么大。在形状上也不一样,有的茎叶呈球形,有的茎叶呈掌形。

我们见到的仙人掌都是绿绿的茎叶，很少看到它开花。其实仙人掌不但能够开花，还能够结果。虽然仙人掌上长着很多刺，看上去让人有点儿不敢接近，可是它开出的花朵却分外漂亮，不仅大而且颜色丰富。世界上有名的昙花就是仙人掌的一种。

仙人掌的花粉大多靠风力或借助鸟类来传播。雌花授粉以后，子房会发育成果实，而子房里的胚珠也会发育成种子。

仙人掌的果实一般都是浆果。果子的形状也是多种多样的，有的像梨，有的像棍棒等等。这些果实里边包着种子，种子形状也是各式各样的，有的像个小碗，有的像小圆柱等等。这些种子也是仙人掌繁殖的方法之一。

非洲的马达加斯加岛上生活着一种叫旅人蕉的植物，这种植物长得高大挺拔、婀娜多姿，深受当地人的喜欢，并成为马达加斯加国的"国树"。事实上，旅人蕉并非一种树木，而是一种多年生的草本植物。

　　为什么旅人蕉在当地人心目中会有这么重要的位置呢？

　　旅人蕉是一种可以生活在沙漠中的植物，它还有一个名字，叫"扇芭蕉"。它的叶子好像是一把对折的扇子，故名"扇芭蕉"。

　　旅人蕉虽为草本植物，个头却不低，可以和树木的高度相比拟，最高的旅人蕉可以长到20多米。如此魁梧的身材，却没有进入树木的行列，确实有点儿可惜。

　　旅人蕉的花朵是穗状的花序，长得有点儿像蝎子尾巴。旅人蕉的果实跟橡胶差不多，它开裂成三瓣，果皮里含有丰富的纤维质,里边包裹着肾形的种子。
旅人蕉叶子的形状跟芭蕉叶子的形状差不多,
左右排列,均匀对称,就像一把摊开的折扇。

最有趣的是,旅人蕉长长的叶柄底部有一个能够
贮水的叶鞘。叶鞘就像一个装满了水的瓶子,只要用刀
在叶鞘上挖一个小洞,里边的水就会流出来,可以给旅
行的人提供珍贵的水源,以解饥渴。于是,人们又将旅
人蕉称为救命树。

当口渴难忍的人们在烈日炎炎、黄沙滚滚的非洲
沙漠中穿行的时候,只要看到旅人蕉就像是看到了救
命稻草、看到了希望。人们除了可以在它巨大的叶子底
下乘凉,还可以打开旅人蕉的"水瓶"来解渴。更为有意
思的是,旅人蕉的这个"水瓶"打开一会儿之后,还能够
自己关闭。这样一来,一天以后,这棵旅人蕉又可以为
其他行人提供水了。

在沙漠里，还有一种非常美丽的被子植物，它的名字叫沙漠玫瑰。

或许，你没有亲眼看到过这种植物，但是一听它的名字，就能想到它一定是一种极漂亮的植物。的确如此，沙漠玫瑰又被人称为天宝花。它虽然名字中有"玫瑰"二字，但绝不是玫瑰，也非玫瑰的近亲。

沙漠玫瑰跟夹竹桃（夹竹桃又名甲子桃，传说中它60年结一次果，所以叫甲子桃。叫"夹竹桃"的原因是，这种植物兼具两种植物的特征，一是它的叶子长得像竹子，它的花朵像桃花，取两者之名，合为"夹竹桃"）是近亲。沙漠玫瑰的原产地在肯尼亚，它喜欢在高温并且干旱的气候中生长。沙漠玫瑰的花朵非常漂亮，颜色呈玫红色，非常艳丽。花的形状长得也好，就像一只小喇叭，并且一年四季都会开花。它的种子上边长着白色的毛，可以借助风力来传播种子。

除了仙人掌、旅人蕉和沙漠玫瑰这些被子植物以外，沙漠里还生活着胡杨、沙葱和红柳等被子植物。它们都依靠顽强的生命力，矗立在沙漠当中，不但自己可以繁衍"子孙后代"，还可以给行人提供方便，给荒漠增添色彩。

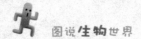
在水中也可以生活

    提到水生植物,很多人都会自然而然地想到藻类植物,认为只有藻类这样的植物才能够在水中生存。其实,并不只有藻类植物才能在水中生活,有很多被子植物也适合在水中生活。生活在水中的被子植物,除了我们所熟知的莲花外,还有金鱼藻、芡等等。

    看到金鱼藻的名字,很多人可能会认为这是一种藻类植物,其实这完全是由名字引起的误会,金鱼藻并不是藻类的一种,而是货真价实的被子植物。

    金鱼藻是一种悬浮在水中的草本植物。它生活在一些湖泊、池塘和水沟里。金鱼藻是多年生植物,也就是说,一棵金鱼藻可以活上好多年。金鱼藻的叶子为轮生叶序,每节上长有3片或者3片以上的叶子,这些叶子呈辐射状排列,有点儿像松树的叶子,但没有松叶那么硬。

    金鱼藻的花期在六七月份,结果在八九月份。果实成熟后会慢慢下沉到河底中的泥里。此后,金鱼藻的种子就进入了休眠期,它会等到春天来临的时候在泥土中发芽。

但是,有一点儿是非常神奇的,金鱼藻种子在发芽的时候,它的胚根不生长, 所以这就注定了金鱼藻从发芽到成熟都是没有根的。因为没有根固定,所以我们在湖泊或水塘当中看到它的时候,它的整个身子都悬浮在水中。

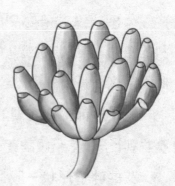

雄花

部分植株

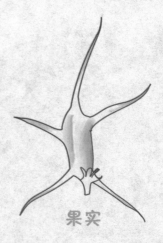

果实

由于金鱼藻没有根,所以阳光对它来说就显得极为重要。如果天气明媚、阳光灿烂,那么悬浮在水中的金鱼藻长势就会非常好;如果光线不好,生活在水中的金鱼藻就会受到影响。不过,当天气变好、阳光明媚的时候,这些金鱼藻又会恢复生机。

　　芡,也是生活在水中的被子植物,它跟睡莲是近亲,都属于睡莲科的植物。芡又叫"鸡头",因为它的花形像鸡冠,花苞像"鸡头",由此得了这样一个外号。

　　芡一般都生活在湖泊、池塘或沼泽当中,它是一种大型的水生植物,叶子和花朵跟睡莲一样都是漂浮在水面上的。

　　芡的叶子形状一般都是椭圆形或肾形的,这些叶子长得非常大,有的叶子直径可以达到 1.3 米左右。芡的花朵是紫红色的,花落了以后会长出一种球形的浆果,人们把这种浆果叫"芡实"。

067

山再高也要爬上去生活

　　高山地区是自然环境非常恶劣的地区。在高山上，气候寒冷不说，而且土壤非常贫瘠，另外风还非常大。这样恶劣的自然环境跟南北极比起来是有过之而无不及。然而，无论在多么恶劣的环境里，似乎都会有被子植物生存着，山再高它依然能够顽强地生长。

　　天山雪莲就是一种生活在高山上的被子植物。天山分布在我国新疆的中部，它是一条东西走向的山脉。天山又叫雪山，它之所以有这么一个名字，是因为山上一年四季都会有雪。天山的平均海拔在5000米左右，而有名的雪莲花就生长在海拔4000米左右的悬崖峭壁上。在这里不仅天气寒冷，而且还有终年不化的积雪，另外空气稀薄、氧气缺乏。而雪莲花就在这恶劣的环境中顽强地生活着。

　　雪莲花还有一个名字，叫雪荷花，它属于多年生的草本植物。雪莲花其实跟菊花是近亲，它们属于菊科植物。人们之所以会给它取名雪莲花，在很大原因上是因为这种植物的花形跟莲花的花形有几分相似。雪莲花的大小跟莲花差不多，它的颜色一般呈白色、淡绿色或浅黄色，看上去清丽脱俗。而且雪莲花还有奇香，在离它70多米的地方也能够闻到那沁人心脾的香味。雪莲花的种子是圆柱形的，上边还带有竖着的棱角。

由于雪莲花生长的环境极其恶劣，所以从种子发芽到开花结果一般需要 6~8 年的时间，它在最后一年的七八月份开花。

为什么雪莲花能够不畏严寒顽强地生长，而其他植物却不能呢？原来这个奥秘在雪莲花的叶子上。

雪莲花的叶子不仅长得非常密实，而且上面还长满了很多长绵毛一样的东西。这些长绵毛交织形成一个个"小室"。这些"小室"很难与外界交换气体。白天当太阳照射的时候，这些"小室"会竭尽全力地吸收太阳光的热量，而到晚上，这些热量又不容易被外界的冷空气稀释，这样就起到了保暖的作用。所以雪莲花能够在寒冷的高山上生存。

070

红毛杜鹃也是生活在高山上的一种被子植物，不过它生活的海拔要比雪莲花生活的海拔低很多。它一般生活在海拔 2 400~3 600 米的地方，这些地方土壤很贫瘠，风力很强，温度也很低，生活起来很艰难。红毛杜鹃多数分布在我国的西南部，像四川、云南和西藏等地，也有少部分分布在我国的台湾地区。

　　红毛杜鹃是一种灌木或者小乔木植物，它的树皮比较粗糙，叶子有的是草质的，还有的是革质的。它叶子的形状多种多样，有的呈长圆形，有的呈卵形或倒卵形，有的呈针形。这些叶子会随着红毛杜鹃生活的海拔越高度发生变化。

　　红毛杜鹃的花朵非常漂亮，它的花冠形状呈钟形或漏斗形，颜色是美丽的粉红色。红毛杜鹃的花期一般在春末夏初的时候，这个季节来临的时候，漫山遍野会开满粉红色的花朵，而此时的高山上就像是披上了一件粉红色的霞衣，显得格外的妩媚。尤其在我国贵州西部的黔西、大方和毕节三个县，那里的杜鹃林连成了一片，如果在开花的季节去那里旅游，就会看到"百里杜鹃"的盛况。

　　跟天山雪莲一样，红毛杜鹃之所以能够克服高山上的恶劣环境，它也是有法宝的。红毛杜鹃的茎、叶和果实上生长着密密麻麻的褐色硬毛，这些硬毛不仅能帮助红毛杜鹃御寒，还能帮助它减少水分的蒸发。硬毛这一特性在帮助红毛杜鹃克服高山上的恶劣自然环境上无疑是起到了至关重要的作用。

　　其实生活在高山上这种恶劣环境中的被子植物，除了天山雪莲和红毛杜鹃以外，还有很多，比如高山蓟、金露梅和酥油草等等。这些植物都像天山雪莲和红毛杜鹃一样，依靠着自己独特的本领在高山上顽强地生活着，它们不仅实现了自己的生命价值，还为单调的高山环境增添了一抹绿意。

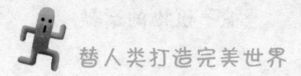

替人类打造完美世界

关键词: 被子植物与人类、粮食、水果、蔬菜、调料

导　读: 被子植物与人类关系最为密切,它可以反复地为人类提供食物,并丰富了人类的食材选择。

被子植物的奉献

　　你是否留心观察过，我们的生活中经常能够见到的被子植物都有哪些？从喧哗热闹的蔬菜市场到香气扑鼻的水果摊，从绿树成荫的街道到繁华似锦的公园，只要我们目所能及的地方，都能看到被子植物。由此可见，被子植物时时刻刻都生活在我们身边。这些被子植物不仅把大自然装饰得五彩缤纷，还在各个方面为我们人类作着无私的奉献。

我们被子家族是很庞大的！

有了被子植物才会有粮食吃

一提到"粮食",我们脑海里可能就会浮现出"五谷杂粮"这个词。是啊,我们生活中吃的小麦、水稻和谷子,全都可以称为粮食。可是,当你想到这些粮食作物的时候,有没有发现这些粮食作物大多都是会开花结果的被子植物呢?而我们吃的部分正好是这些被子植物的种子。

很久很久以前,人类的祖先刚刚出现在这个星球上时,他们就知道用被子植物的种子来填饱肚子。一开始他们并不知道什么植物的种子能吃,什么植物的种子不能吃,什么植物的种子味道比较鲜美,什么植物的种子会难以下咽。经过反复地尝试之后,他们渐渐地把一些味道比较鲜美的种子从众多被子植物的种子中筛选出来,然后广泛地进行推广、种植。就这样,这些被称为粮食的被子植物才慢慢地走进我们生活当中,成为我们生活中不可缺少的一部分。

在我国历史上,粟是最早被当做粮食来种植的被子植物。

粟,北方人又称为谷子,是一种单子叶纲的被子植物。在我国广袤无垠的大地上种植的农作物是多种多样的,但是都被统称为"五

谷"。由此可以看出,谷子在我们古代农业生产中占有多么重要的位置。我国是最早种植粟的国家之一,早在七千多年前,古人就已经开始将粟种植在黄河流域附近了。从那时起,粟就成了中国古代的粮食作物。谷子将皮去掉以后,可以碾成小米,就是这些小米养育了一代又一代华夏儿女。

谷子开花是一件非常神奇的事情,它并不像大多数被子植物一样在白天开花,而是选择在晚上开花,而且还是在后半夜的凌晨 2 点到 4 点左右。到黎明的时候,这些谷花就会枯萎了。也正是因为如此,大多数人都没有见过谷子开花。谷穗就是它的果实,一般呈金黄色,远远看上去一片金灿灿的。

另外,谷子的营养价值非常高,因为它里边含有丰富的蛋白质、钙和铁等元素,都是人体内不可缺少的营养元素。

谷子:俺含有丰富的蛋白质、钙、铁等!

　　小麦在我国种植的时间也是非常早的。它的原产地在西亚，我国种植小麦的时间大概在商朝中期或末期。小麦是世界上播种面积最大的一种农作物，也是世界上产量第二的粮食作物。在全世界人口中，大约有三分之一的人都在靠吃小麦来繁衍生息。

　　小麦跟谷子一样，也是一种单子叶的被子植物，它的叶脉是一种平行的叶脉，它的茎中间是空的，而且还有节。小麦的花是一种穗状的花序，这些穗上开满了许多小花，这些小花是没有花瓣的，但是有颖片，这颖片就是花的苞片的另一种形态，所以它的作用跟苞片是差不多的。小麦结出的果实被人们称为颖果，颖果经过去皮、碾碎以后，就成了我们吃的面粉。

　　除了粟和小麦是被子植物,玉米、水稻和高粱等农作物也都是被子植物。这些被子植物被人们广泛培育和种植,其果实即为人类的粮食,这些粮食既能直接提供给人类加工成面粉食用,还可以作为一种原材料,用作其他食品加工,一样为人类提供食物。

　　可以这么说,如果没有被子植物,我们将无法生活在这个地球上。换言之,没有被子植物就没有粮食,这种说法一点儿也不夸张。

我们都是被子植物哦!
可以给人类提供粮食。

没有被子植物，就没有水果

当你吃着各种美味的水果时，是否意识到，这些水果居然都是被子植物。

不论是香蕉、苹果、桃子和西瓜，还是菠萝蜜、奇异果，它们都是被子植物的果实，在厚厚的果肉里边都包裹着或大或小的种子。即使像香蕉一类水果，它的种子已经退化了，但是我们仍可以从果肉里边看到种子存在的痕迹。

那么，你想过没有，为什么我们吃的水果只有被子植物呢？

就拿裸子植物来说，它也是能产生种子的呀，为什么它就不能长出美味的水果呢？原来，这和被子植物能够开花是有密切关系的。因为只有这种真正开花的植物，它的胚珠才会被子房坚实地包裹住。而包裹着胚珠的子房，就是我们吃到的果肉。而裸子植物的胚珠外部没有子房壁包裹着，如此一来，就不能形成果皮。没有果皮，又何来果肉呢？

因此，如果地球上不存在被子植物，我们便品尝不到这些味道甘美、口味各异的水果了。

没有被子植物,会缺少很多蔬菜

除了粮食以外,蔬菜也是我们人类饮食中一个重要的组成部分。蔬菜里含有丰富的维生素和多种矿物质,对人类的身体健康是非常有益的。在我们吃的这些蔬菜当中,除了少数的菌类、蕨类和藻类等蔬菜以外,大多数也都是被子植物。比如日常生活中吃的生菜、番茄、白菜、胡萝卜和豆角等,都是被子植物。

我们吃的蔬菜虽然有很多都是被子植物,但因为蔬菜的种类不一样,我们吃的部位也有所不同。有的吃它的叶子,有的吃它的花,有的吃它的果实,还有的只吃它的种子。

植物中,很多被子植物的叶子就是我们日常吃的蔬菜,我们一般称之为叶蔬菜。

属于叶蔬菜的被子植物是非常多的,除了我们经常见到的白菜和生菜以外,还有一些较为陌生的被子植物,它们也可以作为一种叶蔬菜来吃,比如莼菜。

莼菜：含有丰富的胶质蛋白和多种维生素等营养物质……

　　莼菜又叫马蹄菜或湖菜，它是一种多年生的水生植物，属于双子叶纲的被子植物，它跟睡莲是近亲，都是属于睡莲科的植物，因此莼菜跟睡莲一样，都是浮生在水面上的。莼菜的叶子是椭圆形的，颜色为深绿色。莼菜的花在夏季开放，呈暗红色。

　　人们把莼菜当成一种叶蔬菜，主要吃它的嫩叶，它还是一种非常珍贵的蔬菜呢！莼菜不仅味道鲜美，而且营养价值非常高。在它嫩嫩的叶子里边含有丰富的胶质蛋白和多种维生素等营养物质，经常食用对身体有好处。据说乾隆在世的时候，每次下江南到杭州，都要吃莼菜。不仅如此，他还定期派人将这些莼菜运到北京的皇宫里。

　　被子植物的果实也是可以当做蔬菜来吃的。比如我们平常吃的番茄、茄子、豆角、西葫芦、冬瓜和南瓜等。它们也像叶蔬菜一样为我们提供各种营养成分。

被子植物不仅叶子和果实能吃，有的花朵也可以吃。最常见的就是花菜。花菜，又被人们称为花椰菜或甘蓝花。

花菜根据颜色可以分为绿、白两种，绿色的花菜又被人们称为西兰花，它的营养成分要比白花菜的营养成分要高一些。当然了，味道也比白花菜的味道要好一些。

除了花菜以外，还有一种被子植物的花朵也是经常上我们的餐桌。它叫黄花菜，又被人们称为金针菜或忘忧草，它是一种草本被子植物。黄花菜开的花是一种黄色的筒状小花，我们吃的就是这种小黄花，因此这种菜被称为黄花菜。

黄花菜不仅味道鲜美，还含有丰富的蛋白质、维生素C和胡萝卜素等各种人体必需的营养成分。

尽管黄花菜的营养成分比较高，但是在鲜黄花菜中含有一种名为"秋水仙碱"的物质，这种物质本身没有毒，但是会在我们的肠道里变成有毒的"二秋水仙碱"。所以在吃鲜黄花菜的时候，一定要用开水焯一下，再在清水中浸泡两个多小时，这样才能把秋水仙碱破坏掉。

　　还有，有些被子植物的根茎也是可以当成蔬菜来吃的。我们经常吃的土豆、萝卜、芥菜和莲藕，吃的都是它们的根茎。根茎蔬菜是一种介于粮食和蔬菜之间的蔬菜，因为它们含的淀粉量比较高，能够给我们提供较多的热量，因此，非常适合在冬天食用。

　　总之，如果没有被子植物的话，这些蔬菜都会从我们眼前消失。由此可以看出，被子植物给我们人类的餐桌作出的贡献极大。

被子植物会让我们的饭菜有滋有味

中国人吃饭不仅讲究营养,还讲究色、香、味。当然了,在色、香、味这三者中,人们更偏重的是味,只有味道好了,人们才会喜欢吃。被子植物不仅给我们提供各种蔬菜,在调节佳肴的味道上,它也会小小地露一手。

被子植物中最常见的调料应该是花椒。花椒是一种双子叶纲的被子植物,一般在 3~5 月开花,花的颜色有的是淡黄色,有的是白色,结果期是在每年的 6~9 月。成熟果实的颜色比较多,有的是红色,有的是紫色,还有的是紫黑色。花椒的果皮具有调味的作用,炒菜的时候在热油中放几粒花椒,等到这些花椒炸成黑色后捞出来,用这些油炒菜,会使菜变得香味扑鼻。

小茴香也是生活中常见的调味品。小茴香也是双子叶纲的被子植物,整株茴香的身上都有香辛味。茴香的茎叶部分会经常被人们用来制作包子馅或饺子

芥菜:我很香的!

馅。而茴香子则是每家厨房的必备调料。人们在炖鱼或煮肉的时候放一些茴香子进去，不仅可以除去腥气，还可以为这些食物增添新的香味。

芥末也是经常出现在我们美食当中的一种调料。芥末是人们从芥菜的身上获得的。芥菜跟白菜一样,是十字科的草本植物,也是双子叶纲的被子植物。芥菜的花跟油菜花差不多,都是十字花形,并且都是黄色的。只是芥菜花的颜色比油菜花的颜色浅一些。芥菜的果实是一种小小的荚果,里边有圆形或椭圆形的种子,芥末就是这些种子磨成的粉末。

芥末的味道虽然有点儿微苦,却有独特的香味,对人的味觉和嗅觉有强烈的刺激作用。芥末大多用于泡菜或沙拉当中。人们在腌制泡菜的时候会在里边放点儿芥末,以增加香味。另外,芥末还可以和生抽一起使用,做成生鱼片或海参片的调料。

此外,像桂皮、八角茴香等被子植物,也都是厨房里经常见到的调味品。

除了经常见到的这些调味品之外,被子植物中有一部分奇特的植物也是可以做调味品的。比如,我国的西北地区生长着一种名为"醋柳"的被子植物,它是一种落叶灌木或乔木植物。醋柳的果实是非常酸的,成熟以后经过压榨,它的汁液不管是色泽还是味道,都跟我们平常吃的醋一样,因此人们把这种树称为醋树。

如果没有被子植物,我们的饭菜可能就不会那么喷香了。总而言之,一些特殊植物为人类源源不断地提供着调味品。

被子家族里的"植闻趣事"

关键词：被子植物趣闻、生石花、熊童子、日轮花、饼子树、风滚草、蜜草、油楠树、罂粟、罗马花椰菜、彼岸花、银扇草

导　读：在被子植物的世界里，有一些植物要比它们的同类更具有趣味性。在这些被子植物的身上，发生了诸多令人们意想不到的奇闻趣事。

哦，木菊花，我会睡着的！

被子植物的趣闻

被子植物是一个大家族，在这个家族里生活着各式各样的成员，它们都以不同的姿态展现在我们面前，告诉我们这个世界是多姿多彩的。比如一触碰就会"害羞"的含羞草、具有催眠效果的木菊花、能长出"面包"来的猴面包树等。

其实被子植物中趣闻多多，让我们一起去探寻吧！

生石花：石头也能开出花

你见过能开花的石头吗？相信大家听了会忍不住发笑。石头是不会开花的，但是世界上有一种植物却长得非常像石头，它倒是能开花的。这种植物名叫生石花。

生石花又被人们称为石头玉，它是双子叶纲的被子植物，老家原来在美国费城的橘子河。生石花的外形非常奇特，茎非常短，以至于让人无法看到它的茎。

最有意思的是生石花的叶子，它是一种变态叶，叶肉非常肥厚，两片肥厚的叶子相对着生长，就像两块不大的鹅卵石。也正是因为如此，人们才给它起了个名字叫生石花。

生石花为什么会长成这个样子呢？其实生石花的长相也是别有深意的。我们都知道，很多植物的最大敌人就是动物，因为动物大多是以植物为食的。而植物既不会跑也不会跳，所以就利用独特的方法来保护自己。生石花长得像鹅卵石，就是保护自己的一种方法，这和变色龙有点儿相似。

生石花生长在碎石堆和砂砾中间，由于伪装得好，别说是动物了，就是经验丰富的科学家也很难发现它。

　　跟所有的被子植物一样，生石花也是一种开花的植物。不过生石花比较懒惰，一般长到三四岁的时候，才会从对生的叶子中间挤出一朵白色、黄色或粉色的花朵。

　　它开花的时间也非常短暂，下午时开放，傍晚时就会自动闭合起来。不过它开的花比较大，一般能把整个植株覆盖起来，而且花形非常娇美，可能也正是因为如此，人们才给了它一个美称："有生命的石头"。

熊童子:植物也能长"熊掌"

中国有句成语叫"鱼和熊掌不可兼得",什么叫熊掌呢? 顾名思义,就是熊的手掌嘛。我们都知道,熊的手掌又黑又肥厚。相信你一定没见过绿色的"熊掌"。有一种植物能够长出绿色的熊掌来,这种植物叫熊童子。

熊童子是一种双子叶纲的被子植物,也是一种肉质的多年生草本植物。熊童子的老家在非洲西南部的纳米比亚,后来被人们发现以后,觉得这种植物非常可爱,就把它当成一种盆景来种植。

熊童子最可爱的是它的叶子。它的叶子形状呈卵形,非常厚实,叶片上生长着密密麻麻的绒毛,看上去就像厚厚的熊掌,最好玩的是叶子上方还长了几个像熊脚趾一样的东西,这让熊童子的叶子看上去就更像熊掌了。因此人们给它起个"熊童子"的名字。

熊童子的花相对来说比较小,颜色呈红色,不过看上去却是十分漂亮的。它喜欢在温暖干燥、阳光充足的环境中生活,但也不宜过热。如果气温达到 30℃以上的时候,熊童子就会耍起小性子,拒绝生长。

093

日轮花：美丽的吃人魔王

当你看到"吃人魔王"这个名字时会觉得特别恐怖吗？为什么还要给"吃人魔王"前加上一个"美丽"的形容词呢？这不是故弄玄虚，而是这个吃人魔王的外表确实美丽。这个美丽的吃人魔王并不是动物，而是一种能开出美丽花朵的植物，这种植物就叫日轮花。

日轮花生活在南美洲亚马孙流域的热带雨林或沼泽中。这种植物跟所有的开花植物一样，属于被子植物。日轮花的叶子是绿色的，长得也比较大，一般能长到30厘米左右，日轮花的花朵就生在这些大叶子上。日轮花的花朵长得十分娇美，形状就像齿轮一样，也正是因为如此，日轮花才有了这么一个奇怪的名字。

日轮花不仅长相娇美，而且还香味扑鼻，它的香味和兰花的香味相似。然而这样一种美丽而又芳香的植物，却是我们万万不能碰的。因为只要我们轻轻地触碰它一下，不管是碰到哪个部分，那些部位就会像鹰爪一样伸向我们，并将我们紧紧困住。

如果只是被这植物困住也就罢了，然而在这种植物身边却生活着一种可怕的昆虫——黑寡妇，一听着名字就知道这种昆虫不是什么善类。的确如此，黑寡妇是世界名声最臭的一种毒蜘蛛，它的毒性非常大，比响尾蛇的毒性还要强 15 倍。而且黑蜘蛛的类型也非常多，生活在日轮花周围的这种黑寡妇不仅体形大，身上还带有剧毒，它对动物的尸体十分感兴趣，只要是被它毒死的动物，都会成为它的盘中餐，不管这种动物是人类，还是其他动物。

当日轮花将动物困住以后，就会献宝似的将自己困住的动物献

给生活在它周围的黑寡妇。而黑寡妇看到动物的时候，肯定是先将动物狠狠地咬上一口，并将身上的毒液输入动物体内，将动物毒死，接下来再慢慢地食用被自己毒死的动物。

那么，你可能会感到奇怪，为什么日轮花会心甘情愿地为黑寡妇效力呢？中国人有句俗语叫做"无利不起早"，日轮花对黑寡妇也是这样的，它如此费尽心思地帮助黑寡妇，同时也在打着自己的"小算盘"。原来在黑寡妇将动物的身体吃下去以后，排泄出来的粪便中含有一种特别的养料，这些养料对日轮花的成长非常有好处。日轮花帮助黑寡妇捕食，就是为了能够让黑寡妇将自己的粪便排泄在它的周围。正是因为如此，凡是有日轮花生长的地方，必定会有黑寡妇的出没。所以人们看到日轮花就会像看到了黑寡妇一样的恐惧。因此，这娇美的日轮花才有了"吃人魔王"之称。

饼子树：树上也能结出饼子来

有一种树，很牛气，别的树木可以结果子，它却能结出饼子来。这种树的名字就叫"饼子树"。

饼子树生长在北非利比亚境内的一个原始森林里，它也是一种能够开花结果的被子植物。饼子树的个子非常高，可以长到 30 米左右。同时，它又是少有的一年开两次花、结两次果子的植物。它的花季一般都在每年的 1~2 月和 7~8 月，它的果实则在 4 月和 9 月成熟。

饼子树最有趣的莫过于它的果实。那是一种绿色的干果，形状非常特别，呈长圆形扁状，有点像我们鞋子的鞋底儿。虽然饼子树的果实长得奇形怪状，但是它的作用可不小，里边的淀粉含量能达到 70%，所以很多人都将这些饼子果拿回家剥了皮，放在火上烤熟，然后食用，就跟我们经常吃的用面粉做的饼子类似。可能也正是因为如此，人们才把这种树称为饼子树。

饼子树是一种产果实量比较高的植物，一棵树每年可以收获 60 千克左右的饼子果。

风滚草：植物也会打滚

很多动物是会打滚的，比如憨态可掬的大熊猫，偶尔玩得尽兴了，就会在地上打上几个滚，这简单的动作会让它们在人们眼里显得更加可爱。

打滚，对动物来说是个简单的动作，但对植物来说却是难上加难，因为它们大多数都是扎根在土壤当中。即便不固定在土壤里，也没有运动细胞，对它们来说打滚是不可能的。

但是，大千世界无奇不有，在众多植物当中，有些还真会打滚，比如风滚草。

风滚草是指植物体的地上部分在成熟及变干枯后，被风吹断与根部分离，随风四处滚动的一团草球，如刺沙蓬、含生草、卷柏等。

刺沙蓬是被子植物，通常会生长在气候干旱或其他自然环境比较恶劣的地方，比如戈壁滩上。它的花朵是一种淡淡的紫色小花，它的种子也非常细小。

风滚草最大的本领就是能够随风翻滚。可不要小看这些风滚草的毅力，它们可以随风翻滚几里，甚至是几十里。

在风滚草随风打滚的时候，它身上的种子也会随着它的翻滚传播到各个角落。

这些风滚草滚得越远，它们的种子传播的范围也就越大。当春天来临的时候，散播的种子就会生根发芽，长成一棵新的风滚草。

蜜草：比甘蔗还要甜

众所周知，甘蔗里含有大量的糖分，我们食用的白糖大多数都是从甘蔗中提炼出来的。可是你知道吗？世界上有一种草本的被子植物，它比甘蔗的甜度还要高，是货真价实的甜草，所以人们都称它为蜜草。

蜜草，也被人们称为甘草。它跟大豆是近亲，都属于豆科类植物。当然了，蜜草跟大豆一样也是被子植物了。蜜草这种植物长着椭圆形卵状的叶子，在六七月份的时候会开出一种紫红色的小花，花的形状是蝶形，就像一只只蝴蝶停落在蜜草上边。蜜草的果实跟大豆的果实有点儿相似，都是荚果。当深秋来临的时候，这些豆荚在太阳的照射下就会"噼里啪啦"地炸开。

蜜草喜欢阳光充沛、日照时间比较长的生活环境。所以，如果我们要想找到野生蜜草的话，可以去干旱或半干旱的荒漠、草原、沙漠边缘去碰碰运气，因为这些地方都是蜜草容易生长的地方。

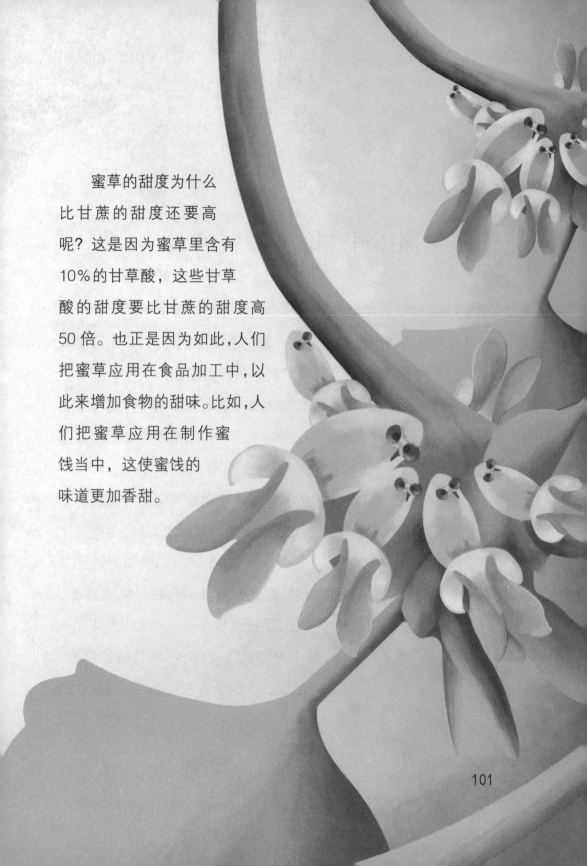

　　蜜草的甜度为什么
比甘蔗的甜度还要高
呢？这是因为蜜草里含有
10%的甘草酸，这些甘草
酸的甜度要比甘蔗的甜度高
50倍。也正是因为如此，人们
把蜜草应用在食品加工中，以
此来增加食物的甜味。比如，人
们把蜜草应用在制作蜜
饯当中，这使蜜饯的
味道更加香甜。

油楠树：树木也能生"柴油"

有了油，汽车才能够发动。可是随着世界能源的消耗、减少，这种不可再生能源将会越来越紧缺。怎样既能节约能源，又能满足人们以车代步的需求，这成了科学家最为关注的事情。

有一种植物的发现，让科学家看到了新能源的曙光，这种植物就是油楠树。油楠树又被称为油脚树或脂树，它是双子叶纲的被子植物。

20 世纪 80 年代，我国林业学家首次发现油楠树这种植物。它主要分布在海南省南部的三亚、乐东、东方、昌江和白沙等地区。

油楠树的个子非常高，一般都长到 30 多米。油楠树的叶子是呈羽状的复叶。所谓羽状的复叶，就是在叶轴的左右两侧排列着 3 枚以上的小叶子，呈羽毛状分布。油楠树的花序非常有意思，是一种锥状的花序，不过花朵非常小，上边还长满了黄色的小毛。油楠树的果实是一种荚果，它一般会在 6 ~ 8 月成熟。

油楠树最大的秘密在它的树干里。巨大的木质树干中含有一种油性液体，这种油性液体不仅味道清香，而且还有可燃性。只要用棉花蘸上一点儿，遇火就能着，它的可燃性可以跟柴油媲美了，因此人们尝试将这些液体过滤以后用来代替柴油。这种油不仅没有柴油的难闻气味，而且还非常耐烧。

不仅如此，油楠树的产油量还是挺高的，当油楠树的身高达到12～15米、直径到40～50厘米的时候，人类就可以在它的身上采集"柴油"了。先在树干上钻一个直径为5厘米左右的小孔，然后将一节竹筒插在孔里。两三个小时后，一棵油楠树就会流出5～10升的"柴油"。等这棵树修复一段时间后还可以再取。如此这样，一棵油楠树一年就能够产"柴油"50多千克。

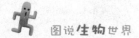

罂粟：一个美丽的魔鬼

提到"罂粟"，很多人会联想起鸦片。是啊，鸦片是从罂粟里提炼出来的。在 19 世纪的时候，这些物质曾经给我国的人民带来了巨大的伤害，就是因为它们，当时才有人称我们为"东亚病夫"。可是，你知道吗？这样一种让我们谈之色变的植物，却能开出美丽的花朵。

104

罂粟,也是一种被子植物,它的老家在地中海东部地区及小亚细亚的埃及地区。在埃及人的眼里,罂粟是一种神花。在古希腊人的世界中,也充满着对罂粟的赞美。希腊神话中,执掌农业的司谷女神手里就有着一支罂粟花,可见罂粟在希腊人的眼中是多么崇高。

罂粟是一种草本的被子植物,它是一种比较高的草本植物,最高的罂粟可以长到 150 厘米左右,最矮的也有 60 厘米左右。罂粟的叶子长得也比较大,最大的能长到 30 厘米左右。

罂粟的花朵非常漂亮,不仅花形大,颜色还非常鲜艳,且色彩缤纷,有白的、粉红的、黄的、紫的和红的等,交错在一起,看起来非常美丽。罂粟的花瓣还是重叠的,这让罂粟花更显得异常饱满。

在世界上,种植罂粟最多的地方是金三角,地处缅甸、泰国和老挝三国交界地区。在这个地区,漫山遍野都是罂粟,一到每年的 4~6 月份,金三角的罂粟花就会开得遍地都是。当

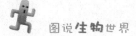

微风吹来的时候,这些颜色各异的花随风摇曳,就像舞娘一样奔放而又妖冶。

　　罂粟的果实为卵形或椭圆形。鸦片就是未成熟的罂粟果的汁液。这些汁液刚被割出来的时候,是一种乳胶状的白色汁液,经过一段时间晾晒后,白色就会变为黑色,这就是那万恶的鸦片。经常吸食鸦片的人,会对这种物质产生依赖心理,而他们的体质也会随着吸食量的增加而越来越差:不安、流鼻涕、发抖、寒战是轻度中毒症状;而重度的中毒症状会使人昏迷、血压降低、瞳孔变小,严重的连呼吸都困难,直至因呼吸困难而导致死亡。

罗马花椰菜：植物里面也有数学奥秘

"数学"这个词好像跟植物没有一点儿关系，因为数学反映的是人的一种逻辑思维形式，而植物在很多人的眼里是没有思维的，连最简单的思维都没有，又何来逻辑思维呢？

但是，在植物世界中，有很多植物一生出来就烙上了数学的痕迹，也就是说，它们的外形与数学的形态与数学上的某些规律不谋而合。最典型的要数罗马花椰菜了。

罗马花椰菜，跟日常见到的白菜是近亲，它们都是属于十字花科的植物，跟我们平常吃的花菜更是亲上加亲，它们都是花菜的一种。当然了，罗马花椰菜跟所有的十字花科植物一样，同属双子叶纲的被子植物。罗马花椰菜一般能长到 70 厘米左右，它的叶子狭长，一般一棵罗马花椰菜能长 20 片叶子。

罗马花椰菜的花球是黄绿色，花球的上边呈圆锥形，就像一座黄绿色的宝塔，正因为如此，人们才给花椰菜取了另外一个响当当的名字：青宝塔。

罗马花椰菜最神奇的地方，是它独特的外形跟几何图形不谋

而合,它的花球是由很多螺旋形的小花组成的,这些小花呈轴对称排列,而它的对称轴就是花球的中心。罗马花椰菜又是以一种特定的数学形式生长的,它的这种独特的生长方式,让它所有的部位都是相似体。这跟传统几何中某些简单的数学原理如出一辙。因此,花椰菜被称为著名的几何模型。

其实,跟数学有关的被子植物并不只有花椰菜,很多被子植物中都有数学奥秘,比如说甜菜,它的上部叶片会呈现 90° 角生长,植物的叶子和花朵的外形轮廓可以用一些数学公式来描述。

总之,只要我们细心观察,就会发现这些被子植物会跟数学有着千丝万缕的联系。

罗马花椰菜:我是数学家。

彼岸花：花开叶落永不见

民间有句俗语叫作"红花需要绿叶来配"，可是你是否知道，并不是所有的花朵都有绿叶来陪衬的，甚至不会有叶子来陪衬。有的植物的花朵和叶子甚至永远不可能见面。彼岸花就是这样一种奇怪的植物。

彼岸花又叫曼珠沙华，它是一种双子叶纲的被子植物，产于我

以后不和你见面了啊!

国长江中下游及西南部分地区。在唐代的时候,它就被记录在史书中,它还有个名字,叫无义草。

　　彼岸花之所以又被人们称为无义草，跟它的叶子和花有关系。彼岸花的叶子是深绿色的，在秋末的时候从植物的基部抽生出来，即使在寒冷的冬天都不会落掉。然而经过温暖的春天,到了夏初的时候,这种植物竟然开始掉叶子,直到叶子全部落完为止。当彼岸花的叶子落完以后,它的花期就来临了。彼岸花的颜色是鲜艳的红色,花茎长约四五十厘米,花瓣呈倒披的针形,而花的形状像一个向天祈祷的手掌。彼岸花在秋初的时候会凋零,它的叶与花就这样错过了相遇的时间。也正因为这样,它的花与叶永远无法相见,所以人们才给它起了个名字叫"无义草"。

　　彼岸花是一种有毒的花,吃了会中毒而死,因此又有人把它称为"死人花"、"地狱花"。民间也认为彼岸花是一种通往黄泉路的花。民间有个传说,说一个相貌丑陋的鬼爱上一位美丽的姑娘,可是因为姑娘不爱他,他就把姑娘囚禁起来。正在姑娘绝望的时候,来了一位武士,这位武士不仅把姑娘从鬼的手里救出来,还与她相爱了。而武士在救姑娘的同时也把鬼给杀了。这个鬼的血溅到草丛中,就开出了一朵朵鲜红的彼岸花,这些彼岸花铺满了死人必经的黄泉路。因此,彼岸花也被人们称为"引魂之花"。

银扁草：草上结出金币来

　　想必很多人都听过一个有关摇钱树的故事吧，故事的原意是这样的：

　　有个白胡子老头送给一个农民一颗神奇的种子，并要求这个农民按照他的要求来种植。

　　农民就按照白胡子老头的话去做了，结果没过多长时间，这颗种子就长成了一棵树。更为神奇的是，这棵树一摇就会"哗啦哗啦"

地往下掉铜钱。

　　这只是一个神话故事。我们经常说"种豆得豆，种瓜得瓜"，种一棵植物怎么能够长出铜钱呢？这完全是不可能的事情。

　　可是你知道吗？虽然植物不能生出铜钱，可是有的植物生出来的果实确实跟铜钱非常相似，这种植物就叫银扇草。

　　银扇草又被人们称为金钱花、大金币草，也是被子植物的一种。银扇草原产于欧洲，在西亚部分地区也会有它的影子。

　　银扇草还是一种草本植物，作为草本植物，它的身高也不会长得太高，最高的银扇草也就长到 1 米左右。银扇草的叶子一般都是椭圆形的，叶子边缘长成粗糙的锯齿形状。银扇草的花朵一般是紫

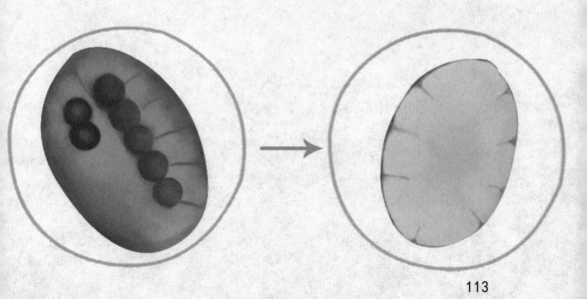

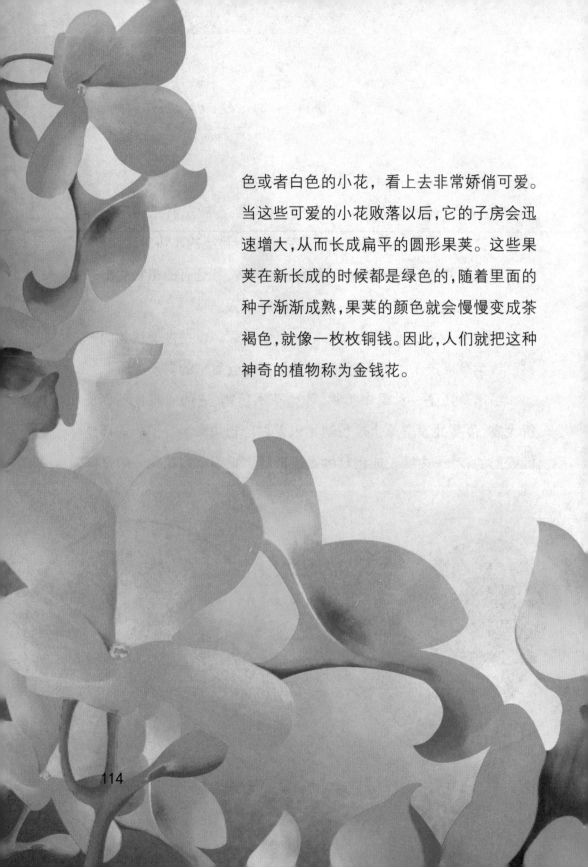

色或者白色的小花，看上去非常娇俏可爱。
当这些可爱的小花败落以后，它的子房会迅
速增大，从而长成扁平的圆形果荚。这些果
荚在新长成的时候都是绿色的，随着里面的
种子渐渐成熟，果荚的颜色就会慢慢变成茶
褐色，就像一枚枚铜钱。因此，人们就把这种
神奇的植物称为金钱花。

114

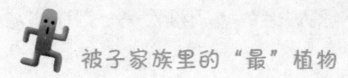

被子家族里的"最"植物

关键词：辽宁古果、海椰子、毛竹、尔威兹加树、大花草、无根萍、短命菊、西葫芦、弄色芙蓉、依兰香、胡杨树

导　读：被子植物不仅是一类非常有趣的植物，还拥有一个非常庞大的家族，在这个庞大的家族中，生活着各种各样的被子植物，它们有大有小、有轻有重……总之，不比不知道，一比吓一跳，被子植物中竟然还有这么多极限植物！比如说，有最古老的被子植物辽宁古果，有果实长得最奇特的海椰子，还有最香的依兰香……如果你对这些植物充满好奇，不妨花点儿时间听我给你介绍一下。

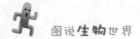

最古老的被子植物——辽宁古果

辽宁古果,它并不是一种现存的被子植物,而是一种被子植物的化石,是世界上公认的最古老的被子植物。

20世纪90年代初,科学家在我国黑龙江省鸡西地区考察的时候,发现一块1.3亿年前被子植物的化石,这块化石在当时被美国一位科学家认定为是世界上最古老的被子植物。可是,美国科学家的这一认定并没有让我国科学家停止探寻的脚步,他们认为应该还会有新的发现。于是,科学家就一直在辽西一带考察,在考察的过程中,他们收集了很多植物化石。

有句古话说得好:苦心人,天不负。我国科学家孙革、郑少林等终于在90年代末找到了新的化石。一天,一位研究组的同事给孙革送来了从野外采集回来的三块化石。当他拿出其中一块化石时,突然惊呆了,他发现这块化石虽然跟蕨类植物有着非常相似的枝条,可是它们的叶子却呈现出凸起状,很显然这不是叶子,而是植物的种子。他以为是自己的眼睛看花了,于是又拿出放大镜来观看,他终于在这块化石上看到了40多枚像豆荚一样的果实。他唯恐出差

116

错，又仔仔细细地观察了半天，试图从这块化石上找到被子植物的特征。最后终于认定，这是世界上最古老的被子植物。这棵古老的被子植物就是辽宁古果，距今已经有 1.4 亿年了。

从化石上来看，辽宁古果的花结构有点儿像木兰花，可是它的果实又与木兰花不同。木兰花的果实是像桑葚似的聚合果，而辽宁

不一样的……

我是植物化石。

117

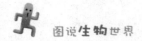

古果的果实却是一种果荚。由于辽宁古果处于裸子植物向被子植物演化的初级阶段，所以辽宁古果的花朵可能不会像现代的花那么美丽和完善，可是它已经具有被子植物最基本的特征，那就是种子被果实包裹着。因此，辽宁古果被称为世界上最古老的被子植物。

左图为"辽宁古果"化石。辽宁古果的生存年代为距今 **1.45** 亿年的中生代，比以往发现的被子植物早 **1500** 万年。辽宁古果化石的发现，也为佐证全世界有花植物起源我国辽宁西部提供了科学上的依据。

右图为"辽宁古果"的复原图。从形态以及特征上看，辽宁古果类似于今天的木兰类的花。

世界上最大的坚果——海椰子

东非的印度洋上有一个名叫塞舌尔的国家，这个国家有两个岛，一个叫普拉拉岛，一个叫库瑞岛。这两个岛屿上生长着一种神奇的被子植物，名叫海椰子。值得一提的是，海椰子树还被誉为生物进化遗留下来的"活化石"。无论是海椰子树或是海椰子果，都长得非常奇特，并且极其稀有，因而备受人们的珍惜，被塞舌尔国视为"国宝"，正像中国把大熊猫视为"国宝"一样。

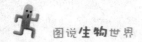

关于海椰子树还有一个传说：

哈布斯堡王朝的神圣罗马帝国皇帝鲁道夫二世，想用 250 千克的黄金购买海椰子的果实，但是塞舌尔人不给他面子，没有卖给他。今天，塞舌尔政府将生长着海椰子树的普拉拉岛列为自然保护区，并禁止砍伐海椰子树和采摘海椰子果实。

海椰子属于单子叶纲的被子植物，也是一种非常高大的乔木，一般能长到 20 多米，最高的可以长到 30 米左右。海椰子的叶子也非常大，最大的叶子面积居然能够达到 27 平方米。这么高大的植物，开的花当然也不会小了。海椰子花是一种像麦穗一样的花序，花的长度非常惊人，居然可以达到 1 米左右。

海椰子这种树是分雌雄的，一雌一雄的两棵海椰子树，或是合抱在一起生长，或是并排着生长。有意思的是，如果其中的一棵树被砍掉了，另一棵也不会单独活着，它会慢慢地枯死。因此，当地人都把海椰子称为"爱情之树"。

最让人惊奇是海椰子的果实。海椰子的果实被一层肉质的多纤维果皮包裹着，如果将这层厚厚的果皮剥开,里面是两瓣合生的坚果。海椰子的果实非常重,一般一个海椰子的重量居然可以达到 25 千克, 差不多相当于一个七八岁小孩的体重。如此重的果实成熟也是需要时间的,一般一个海椰子果实需要 10 年的时间才能够完全成熟。

剥去海椰子那层厚厚的外皮, 里边的坚果也能达到 15 千克左右,所以海椰子被称为世界上最大的坚果。

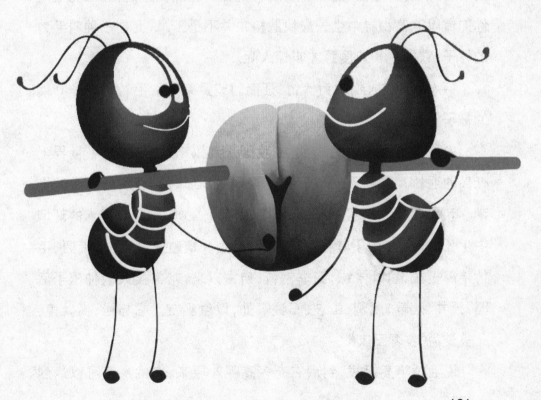

长个最快的植物——毛竹

植物一般生长的速度都非常快。就拿农民种植的玉米来说，一颗小小的种子种下之后，经过几个月的生长，不仅长成一株一人多高的玉米植株，还能开花结果。这样的生长速度简直是惊人的。可是你知道吗？植物界中生长最快的植物并不是玉米，而是一种叫毛竹的竹子，它的生长速度那才叫惊人呢。

毛竹，又被人们称为楠竹、江南竹或孟宗竹。毛竹是单子叶纲的被子植物。

中国被誉为毛竹的故乡，在我国长江以南地区，生长着世界上85%的毛竹。它广泛分布于海拔 400～800 米的丘陵、低山山麓地带。年平均温度 15℃～20℃，年降水量为 1200～1800 毫米的环境中生长得最好。由于其根系集中稠密，生长繁殖速度较快。而且，毛竹竿高挺拔，竹叶翠绿，四季常青，自古以来，常常被人们种植于庭园、天井、池畔、溪涧、山坡、石迹等处，以供观赏。它与松、梅共植，还被誉为"岁寒三友"。

说毛竹竿高挺拔，到底它有多高呢？原来，它的身高可以达到

123

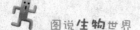

20 多米。这么高的个子,是毛竹每年都在生长的结果吗? 事实上不是这样。

毛竹在刚种上的前 5 年是丝毫不见长的,其实它并不是没有成长,而是以一种人们看不见的方式向下生长。它会利用这 5 年的时间不断地向地下和四周扎根。它的根可以扎到地底下 5 米深的地方,而它向四周发展的根系可以达到 10 米。

毛竹将根基打牢以后,就开始向上生长了。

当第 6 年雨季到来的时候,毛竹便飞速地疯长起来。它的竹笋经过四五十天会长成幼小的竹子,这些幼小的竹子则会以每天差不多 2 米的速度急蹿 15 天,一直可以长到 20 多米。因此,毛竹可以算得上是世界上生长最快的植物了。中国有句成语叫"雨后春笋",就是形容毛竹的生长速度之快。遗憾的是,当它成熟之后就不会再长了。

毛竹还是一种非常霸道的植物。在毛竹飞速生长的时候,生活在毛竹身边 10 米范围的植物都会暂停生长,只有当毛竹停止生长后,周围的植物才能重新获得生长的机会。之所以会出现这样的情况,是由于毛竹那 5 年疯狂长根的结果。毛竹将自己的根向四周发展的时候,这些散布在四周的根会拼命地从土壤里汲取养料,而生活在毛竹周围的植物,当然就会因为缺少养料而停止生长了。

长得最慢的树——尔威兹加树

自然界无奇不有,有长得最快的植物,就会有长得最慢的植物。生长得最慢的植物是谁呢？它是一种名叫"尔威兹加"的树。

尔威兹加树也是一种开花结果的被子植物,它主要分布在原苏联的喀拉哈里沙漠中。这种植物很不起眼,它的个子非常矮,而且整个树冠都是圆圆的,如果不仔细看,会感觉是一张绿色的圆桌支在沙漠当中。

如此矮的植物,它的生长速度就可想而知了。尔威兹加树的生长速度出奇地慢,它长 30 厘米的个头竟然需要 100 年。它和毛竹相比,简直就是蜗牛追兔子。毛竹一天生长的高度,这种树需要用333 年的时间,所以说,尔威兹加树就是生长最慢的树了。

令人好奇的是尔威兹加树为什么会生长得如此之慢呢?据科学家分析,这主要跟尔威兹加树的本身特性有关,可能这种树本身就是一种生长极其缓慢的树。同时,尔威兹加树生存环境也限制了其生长速度,它主要生活在常年干旱少雨的沙漠地区,每天都要经受风吹日晒的"洗礼",体内很难存留水分,最终影响到它的成长速度。

125

除了生长缓慢这个特性以外，尔威兹加树还有一个有趣的特性，就是它有休眠期。

当尔威兹加树长到成熟以后，它就会开出美丽的花朵。这种花的花期非常长，可以百日不凋谢。等到这些花败落以后，这棵树便呈现出枯死状，这就意味着尔威兹加树进入了休眠期。等到第二年，尔威兹加树便从休眠期中醒来继续开花结果。

据科学家分析，尔威兹加树之所以会在开花后休眠，是因为它开花的时候耗费了大量的养分，所以需要休息一段时间才能够再次开花结果。

开花最大的植物——大花草

世界上开花最大的植物是一种叫大花草的植物。大花草又被人们称为"大王花"或者"霸王花"，是双子叶纲的被子植物。大花草生活在印度尼西亚苏门答腊的热带雨林当中，是一种非常奇怪的植物，它没有茎、根和叶，完全是靠寄生来过日子，它寄生的植物主要是葡萄科爬岩藤属植物，它就生长在这些植物的根或者茎上。

大花草的一生只开一次花，这一次开出的花就是世界上最大的花。其花直径可以达到 1.4 米左右。如此大的花朵中间是一个像面盆一样大的花心，这个花心能盛五六升的水。围绕在花心周围的 5 片花瓣不仅厚实而且还非常大，它的每片花瓣长度都能达三四十厘米，仅花瓣的量就能达到六七千克重。所以一朵花的重量算下来约有 10 千克。

大花草的花朵除了庞大以外，还能散发出非常奇怪的臭味，这些臭味对人类来说可是唯恐避之不及的，但对那些喜欢臭味的昆虫来说，却有莫大的吸引力。大花草也就利用这一点来吸引那些昆虫，帮助它传播花粉。

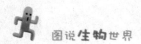　　　　

开花最小的植物——无根萍

世界上有最大的花,也有最小的花。世界上最小的花是一种名叫无根萍的植物开出来的。

无根萍又被称为卵萍或微萍,是一种非常小的浮萍科植物。无根萍的个头非常小,看起来就像一颗绿色的鱼卵,而它的整个身长也不会超过 1 厘米。然而就是这样一种小植物,它不仅能够开花结果,还创下了植物界的三项世界纪录:第一,它是全世界最小的开花植物;第二,它是全世界开花最小的植物;第三,它是全世界果实最

我是无根萍!

小的植物。

　　这时相信你一定会非常好奇："这无根萍的花朵非常小，那么到底有多小呢？"别着急，听我慢慢向你道来。

　　在很久以前，科学家们怀疑无根萍这种植物是不会开花的，因为植物本身就太小，如果开出花来，这花到底有多小呢？后来经过科学家研究发现，其实无根萍这种植物是可以开花的，只是花开得非常小，不容易被人发现。

　　无根萍的花朵是在这种植物的顶部长出来的，它的大小只有针尖那么大。如果将两朵无根萍的花朵放在一起，可能才勉强有一颗绿豆那么大。

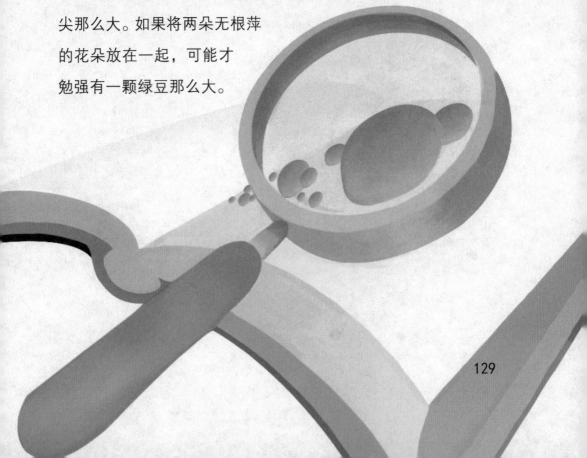

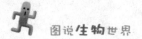
可想而知,是这样小小的一朵花,它的结构也不会完善的。

事实也正是如此,无根萍小小的花朵上是没有花冠的,它的花朵上只长出一根雄蕊和一根雌蕊。因为没有花瓣,所以它是靠风或水来传粉的。花朵授粉以后,会结出微小的果实。

无根萍这种植物虽然非常小, 可是它的繁殖速度却是惊人的。它只需要 30~36 个小时的时间,就会长出一株新的植物体。

这是多么令人咂舌的繁衍速度啊!

寿命最短的开花植物——短命菊

很多人都希望自己的寿命能够延长一点儿。在古代的时候,有些皇帝为了能够活得更长久一些,不惜花重金命人寻找能长生不老的丹药,可是最终都成为一场空梦。

其实,世间万物的生老病死,是大自然的规律,死亡是每个有生命的生物必须经历的一个过程,只是有的寿命很长,有的寿命很短而已。在被子植物中,寿命最短的植物是短命菊。

短命菊又被人们称为"齿子草",是一种菊科的被子植物。短命菊生长在世界上最大的沙漠——撒哈拉沙漠中。

撒哈拉沙漠是个什么地方? 它位于非洲北部,被称为仅次于南极洲的世界第二大荒漠。那里气候条件十分恶劣,常年干旱少雨,是地球上最不适宜生物生存的地方。那么,在这样一个连"鬼"都呆不下去的地方,短命菊该如何生存下去呢?

我们知道,许多沙漠植物都采取退化叶片的方式来保存水分,以适应干旱的环境,比如沙漠仙人掌,它的叶片已经完全退化。但是,短命菊却不是这样的,为了适应干旱的环境,它采取的方式是:

只要沙漠里稍微降一点点雨或气候潮湿，短命菊的种子就能够迅速地发芽、长叶、开花和结果。这一系列的过程，短命菊只要用短短三四个星期的时间就能完成了。当短命菊开花结果以后，生命也就结束了。生命如此短促，故被称为"短命菊"。

短命菊既是寿命最短的开花植物，同时还是开花最快的植物。在植物界中，木本植物开花一般都需要好几年的时间，比如我们经常说"桃三、李四、杏五"，这就是说桃树要 3 年才开花，李树要 4 年，而杏树则需要5 年，开花比较快的草本植物也需要隔年或者隔几个月才能开花。而短命菊呢，它只需要不到一个月的时间就能够开花结果，因此它是世界上开花最快的植物。

花粉最大的植物——西葫芦

花粉，是一种营养价值比较高的物质，也是蜜蜂的主要食物。在我们的印象当中，花粉的单粒都是一种非常小的物质，大多数花粉单粒的直径都在 20~50 微米之间。因此，我们要想看清楚它的样子，需要借助高倍显微镜才能观察到。

可是你知道吗？并不是所有的花粉都是肉眼看不见的，有一种植物的花粉单粒是可以看见的，这种植物就是西葫芦。西葫芦的花粉单粒是众多开花植物中最大的，它的直径在200微米左右。

西葫芦，顾名思义，就是从西部来的"葫芦"。它的老家在北美洲的南部地区，因此它又叫美洲葫芦、番瓜，也叫菜瓜、荨瓜、白瓜。来到中国之

后,因地域不同,还有更多的叫法,比如,在河南一带,西葫芦被称为松瓜,而在东北一带,西葫芦则称为角瓜。

西葫芦属于葫芦科,是一种一年生的攀援藤本植物。也就是说,它的植株比较喜欢攀援在别的物体上生长,比如土坡、树干等。

西葫芦的果实是我们常到的蔬

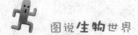

菜,它的果实名字也是以植物名字来命名的。

我们知道,很多蔬菜或果树都在夏秋季节收获,无论是它的植株,还是它的果实,都不怕炎热的天气,比如我们常吃的苹果、桃子、柑橘等,都是耐热的种类。相反,西葫芦这家伙比较奇怪,它不怕天气寒冷,却怕炎热。对西葫芦来说,20℃~25℃是最适宜的温度,假设气温达到30℃或以上,它就承受不住了,植株将会生病,乃至枯萎死亡。

西葫芦是一种叶子型号较大的植物,它的每一片叶子都像一只硕大的手掌。叶子的表面非常粗糙,上面布满了细细的小刺,所以这个"绿手掌"摸起来有扎手的感觉。

西葫芦花朵的颜色呈黄色或者橙黄色,雄性西葫芦花冠像一个倒立的钟,而那些大颗的花粉粒就藏在这口"倒钟"的底部,由于花粉的颗粒非常大,再加上还具有一定的黏性,所以西葫芦不能靠风来帮它传粉,它只能依靠昆虫们来帮它传粉。

西葫芦的果实呈椭圆形或长筒形,西葫芦鲜嫩时的瓜皮一般呈白色、白绿色等颜色,当果实老熟的时候,它的颜色就会变成乳白色、黄色或者黄绿色。

由于西葫芦老熟时的口感和味道都比嫩瓜差很多,所以人们一般会选择鲜嫩的果实来食用。

花色变化最多的植物——弄色芙蓉

桃树开的花是粉红色的,梨树开的花是白色的。对于像桃树、梨树这样的植物来说,它们的花朵从花开到花落,基本上总是保持一种颜色。

有些植物的花朵比较牛气,它们在开花期间,花的颜色能发生一次变化。比如金银花,在刚开花的时候,花的颜色是银白色,等过几天以后,花的颜色就会变成金黄色。

可是,金银花还不是最牛气的植物,有一种植物的花朵颜色能够变化好几次,它就是弄色芙蓉。据南宋吴怿著《种艺必用》一书记载,弄色芙蓉产于我国邛州,其花一日白,二日鹅黄,三日浅红,四日深红,至落呈微紫色,人称"文官花"。

弄色芙蓉,又被人们称为弄色木芙蓉或三弄芙蓉,它的植株有的是灌木,有的是小乔木;叶子呈掌形,叶子的边缘带有锯齿。

弄色芙蓉对环境的要求不是很高,只要是温暖湿润有阳光的地方,它都能够生长。它对土壤也没有什么特别的要求,但是如果土地足够肥沃、湿润的话,它会生活得更好。

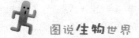

弄色芙蓉最神奇的是它的花朵。

弄色芙蓉一般在 9~11 月开花，花型跟普通的芙蓉花区别不大，可是它花色的神奇却非一般的芙蓉花可比。弄色芙蓉花是颜色变化最多的花。

它在初开花的时候，颜色为白色；等到第二天的时候，花的颜色就变成了浅红色；后来又变成深红色；等到花快要谢的时候，颜色就变成了紫色。这些颜色变化是那么神奇却又那么自然，

那么，弄色芙蓉花的颜色为什么会发生变化呢？据科学家们分析，这跟花所处的温度和土壤的酸碱度有关系。当弄色芙蓉花生活的温度和土壤酸碱度发生变化的时候，花内色素也会随之产生变化，花的颜色自然也会发生变化。

因此，这种花在古代广受文人赞美咏唱。宋朝诗人宋祁《木芙蓉》则为其中一首，韵味较浓，诗中写道：

皓露侵缃蕊，尖风猎绛英。

繁霜不可拒，切弗受空名。

江南江北树，秋至仅成丛。

向晚谁争艳，酡颜浅作红。

此诗不但把弄色芙蓉花的不同花色嵌进诗中，还因其不同色彩的妩媚而赞美"弄色木芙蓉"的坚强不屈。

139

开花最香的植物——依兰香

在 20 世纪 60 年代，一批植物工作者走进云南的西双版纳，当走到边境的一个傣族寨子时，迎面扑过来一阵浓烈的香味。大家感到非常惊奇，没过多长时间，就找到了香味的来源，原来这浓烈的香味来自一种开黄绿色花的大树，这种植物的名字就叫依兰香。

依兰香又被人们称为香水树，是一种常绿的乔木，一般喜欢在热带生活。它是一种大乔木，一般高达 10~20 米左右。依兰香的叶子是长卵圆形，但是叶柄比较短。它的花期是在每年的 5~8 月，花的形状有点儿像鹰爪，一朵或者几朵簇生在一起。花的颜色会随着时间的推移发生变化，刚开花的时候是绿色，后来会慢慢地变成黄绿，再后来就会变成黄色。依兰香的香味十分浓烈，所以被人们称为开花最香的植物。

由于依兰香有着极其浓烈的香味，人们便把它当成一种香料来使用。依兰香的花瓣是制作香料的原材料。

采摘依兰香的花瓣要挑选合适的时间，人们通常会选择在天气晴朗的清晨采摘。这个时间段里依兰香的香味更加纯正。

至于采摘什么样的花瓣也有讲究，采摘时专门挑拣那些黄绿色的花瓣，因为这样的花瓣品质最优。采摘工序完成以后，人们再把这些花瓣拿去蒸馏，从而提炼出芳香浓郁的依兰油。依兰油可以用于香水、肥皂和化妆品中。

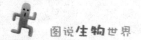

世界上最耐干旱的树——胡杨树

作家肖复兴曾在《胡杨树》一文中这样写道:

胡杨!只有胡杨挺立在塔里木河畔,四十公里方阵一般,横岭出世,威风凛凛。无风时,它们在阳光下岿然不动,肃穆超然犹如静禅,仪态万千犹如根雕——世上永远难以匹敌的如此巨大苍莽而诡谲的根雕。它们静观世上风云变化,日落日出,将无限心事埋在心底。它们每一棵树都是一首经得住咀嚼和思考的无言诗!

幼风掠过时,它们纷披的枝条抖动着,如同金戈铁马呼啸而来,如同惊涛骇浪翻卷而来。它们狂放不羁在啸叫,它们让世界看到的是男儿心是英雄气是泼墨如云的大手笔,是世上穿戴越来越花哨却越来越难遮掩单薄的人们所久违的一种力量,一种精神!

如此赞咏胡杨树,那么胡杨树自身又如何拥有这样巨大的魅力呢? 我们不妨从胡杨树的植物特征说起。

胡杨树,又称胡桐、英雄树、异叶胡杨、异叶杨、水桐、三叶树等,隶属于被子植物门双子叶植物纲。其树干高达 30 米,胸径可达 1.5 米;树皮灰褐色,呈不规则纵裂沟纹。

胡杨树系第三世纪残余的古老树种，经过时代变迁，早期的胡杨树主要在古地中海沿岸地区生存，后来演变成荒漠河岸树林的主要树种。

如今，胡杨树成为亚非沙漠地区的典型树种。由于长期生活在炎热、干旱的荒漠地带，它练就了一身极度耐干旱的本领，因此被誉为"世界上最耐干旱的树"。

到底它有多耐干旱呢？不妨看看胡杨树的生长环境数据：胡杨树适生于 10℃以上积温 2000℃~4 500℃之间的暖温带荒漠气候；在积温 4000℃以上的暖温带荒漠河流沿岸、河漫滩细沙沙质土上生长最为良好。它耐炎热的程度最高可达 45℃。不但耐热，还耐寒冷，在气温 –40℃下，依然安然无恙。

当地下水位在 4 米时，它能生活得自由自在，即使地下水位在 6~9 米时，它也能继续生活。由此可见，胡杨树的根系十分发达，能深度吸收地下水分。

胡杨树极度耐旱，是因为它有两大绝技可以减少水分流失。

首先，在干旱少雨的风沙时节，胡杨树的叶子会停止生长，乃至自动脱落，以减少水分的挥发与消耗。一旦雨季来临，它便快速长出新叶，将吸收的水分储存起来，以备旱时之需。

其次，为了适应干旱的生存环境，胡杨树在进化过程中，对自身因素也作了很大改变,这主要体现在它的叶子上。胡杨树的叶子是革质叶,呈披针形,其幼叶形如柳叶细小,为的便是减少水分的蒸发。它的枝条也为减少水分蒸发作了进化,枝条上面布满绒毛。

因此,在干旱的沙漠地区生长的胡杨树,被人们赞誉为"英雄树"、"沙漠的脊梁",它能"长着千年不死,死后千年不倒,倒地千年不腐",故称它为"英雄树"也是名实相符。

在我国,胡杨树主要生长在塔里木盆地、柴达木盆地、河西走廊等地带,其中中国90%以上的胡杨树生活在塔里木盆地,塔里木盆地也由此被誉为"胡杨树之乡"。

作为极度耐干旱的树种,胡杨树为防风护沙、绿化环境、改变土质作出了不可磨灭的贡献。